麻线、棉线编织的
包袋和配饰

〔日〕青木惠理子　著
项晓笈　译

河南科学技术出版社
·郑州·

目录

Basic 从底部开始钩织的圆底包

Variation 丰富、有趣的包形变化

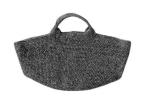

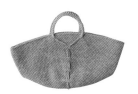

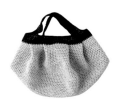

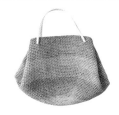

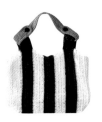

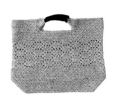

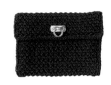

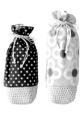

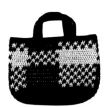

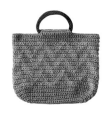

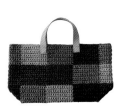

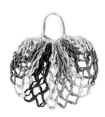

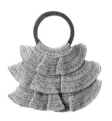

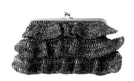

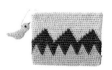

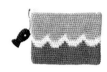

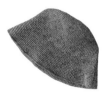

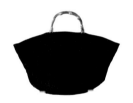

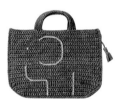

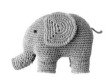

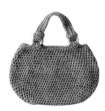

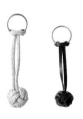

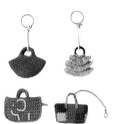

Basic

从底部开始钩织的圆底包

Basic

no.1

基础款购物包

这是圆底的基础款购物包。钩织侧面时每织 4 行进行一次加针，包形自底部向袋口逐渐变宽。虽然底部尺寸比较小，但还是可以装下很多东西，这是这款购物包的一大特点。

▸▸▸ 制作方法：第 25、33 页 尺寸：袋口宽 47cm 底部宽 20cm 高 21.5cm

完成底部后继续圈状钩织侧面，就可以完成 no.1~no.4 这四款基础形的圆底包。购物包的设计应用广泛，钩织也以简单的短针为主。尝试着改变一下整体的外形、提手的形状或是袋口的完成方法，就会带来风格完全不同的作品，相当有趣。

Basic

no.2

平结提手购物包

全部用麻线编织的这款包，Y形穿线既是设计的点睛之笔，同时也起到了加固的作用。另一个特点是提手上牢固紧实的平结，能防止使用过程中提手的拉伸变形。

▶▶▶ 制作方法：第 29、36 页 尺寸：袋口宽 44.5cm 底部宽 17cm 高 18cm

Basic

no.3

打褶包

折叠袋口，形成褶皱，完成一个小巧的圆形包袋。提手部分换成了另一种颜色的线材，给人清爽干练的感觉。

▶▶▶ 制作方法：第 30、35 页 尺寸：袋口宽 27.5cm 底部宽 20cm 高 21.5cm

好想尝试制作，好想钩织试试啊！抱着这样的想法，向大家介绍这些随性设计出的各种包袋。有日常使用的款式，稍正式的社交场合可以选择的款式，也有装饰着小物、充满了童趣的款式。运用各种不同的线材，展现各种不同的风格，让人乐在其中。

kakuzoko

no.6

六边形花样镂空包

使用和纸线材，横向钩织出镂空的六边形连续花样。完成的包款像是一只竹篮，轻便好用。提手部分包裹上薄皮革，精巧别致。

▸▸▸ 制作方法：第 42 页 尺寸：底部宽 31.5cm 高 31.5cm 侧边 11cm

kakuzoko

no.7

手拿包

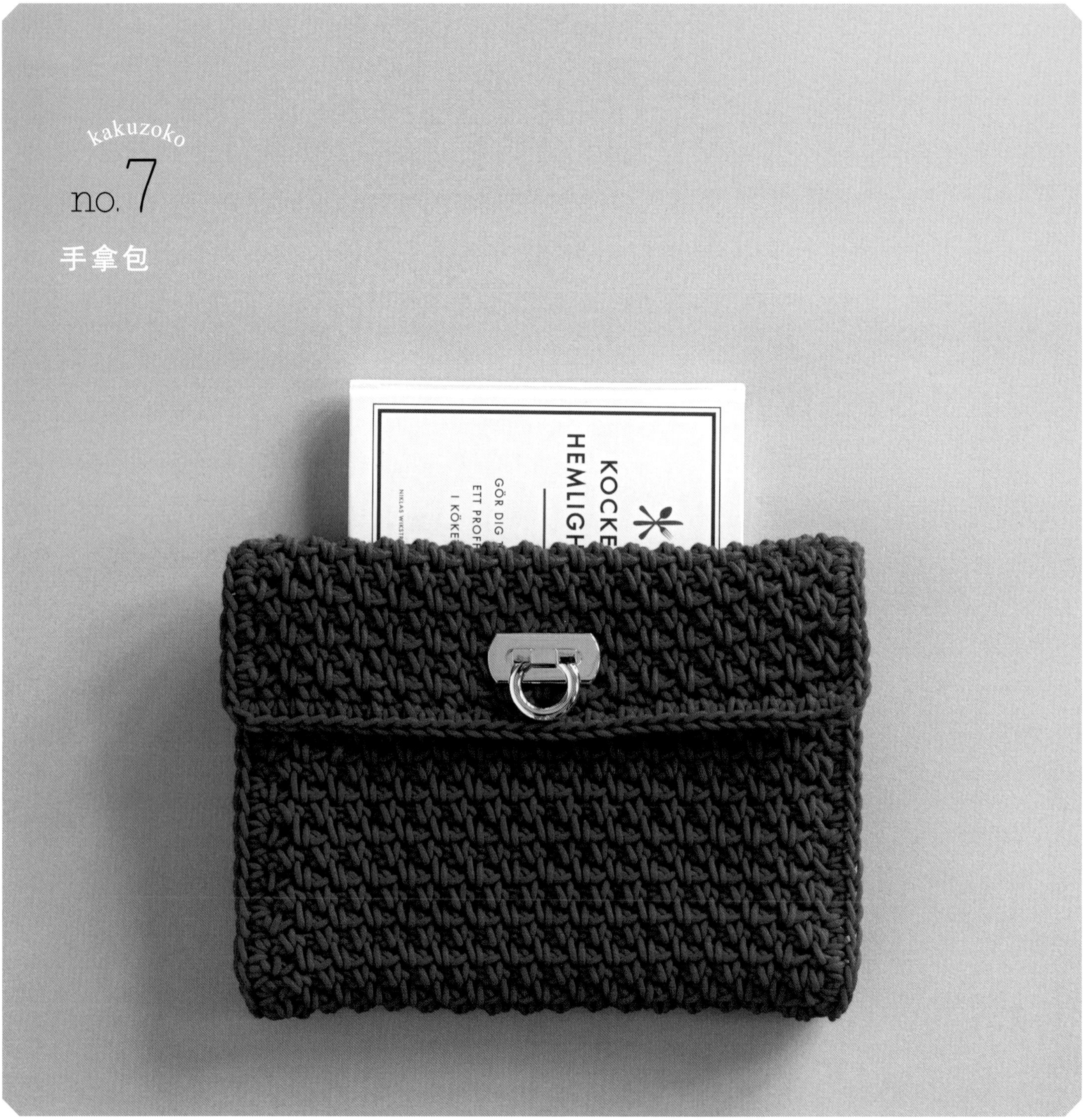

此款为使用紧实的线材钩织而成的手拿包。由于线材较粗，即使是用简单的针法也能表现出很强的立体感。搭配金色的锁扣，提升了整体的奢华感。

▸▸▸ 制作方法：第 44 页 尺寸：底部宽 25.5cm 高 16cm 侧边 7.5cm

kakuzoko

no.8

水杯袋 a、b 款

此款为用风筝线钩织的底筐，与喜爱的棉布组合制作成的水杯袋。米白色的风筝线结实牢固，可以搭配各种花纹的布料，非常值得推荐。

▸▸▸ 制作方法：第 46 页 尺寸：周长 29cm a 款高 21.5cm b 款高 25.5cm

amikomi

no.9

经典格纹包

此款为运用简单的黑白配色，钩织格纹提花花样的包包，带来流行的“大人也喜欢的可爱风”。格子的大小无需规则，随性自由。

▶▶▶ 制作方法：第 47 页　尺寸：袋口宽 34cm　高 19.5cm

amikomi

no.10

人字纹包

此款为蓝绿色搭配米色，织出时尚的、北欧风的人字纹提花包包。木制提手增添了平和温暖的质感。

▶▶▶ 制作方法：第47页　尺寸：袋口宽37cm　高24cm

color work

no.11

彩色拼接托特包

就像玩拼布一样，一边钩织一边换色，完成多种色彩拼接的托特包。配色完全可以按照自己的喜好，不过记得要先使用同色线团排列一下看看效果哦！

▸▸▸ 制作方法：第 50 页 尺寸：袋口宽 40cm 底部宽 30cm 高 23cm 侧边 10cm

color work

no.12

多彩线条网兜包

这款包的网眼较大，可以携带的物品有限。但是颜色丰富，款式也非常适合日常使用。横向钩织简单的条纹花样，钩织过程中进行换色，织物完成后纵向使用。用这种方法制作的包袋不易拉伸变形。

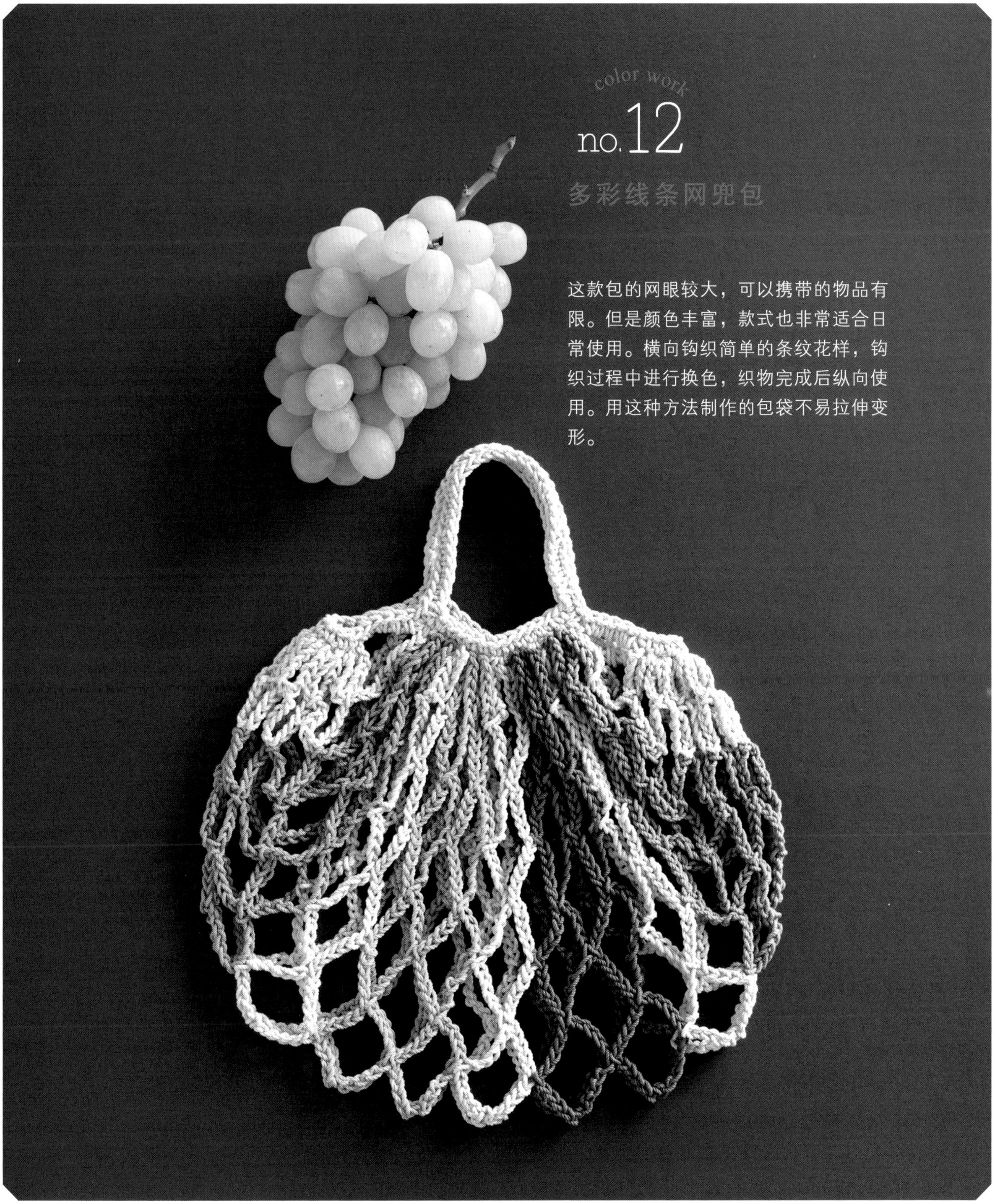

▶▶▶ 制作方法：第 52 页 尺寸：袋口宽 24cm 高 25cm

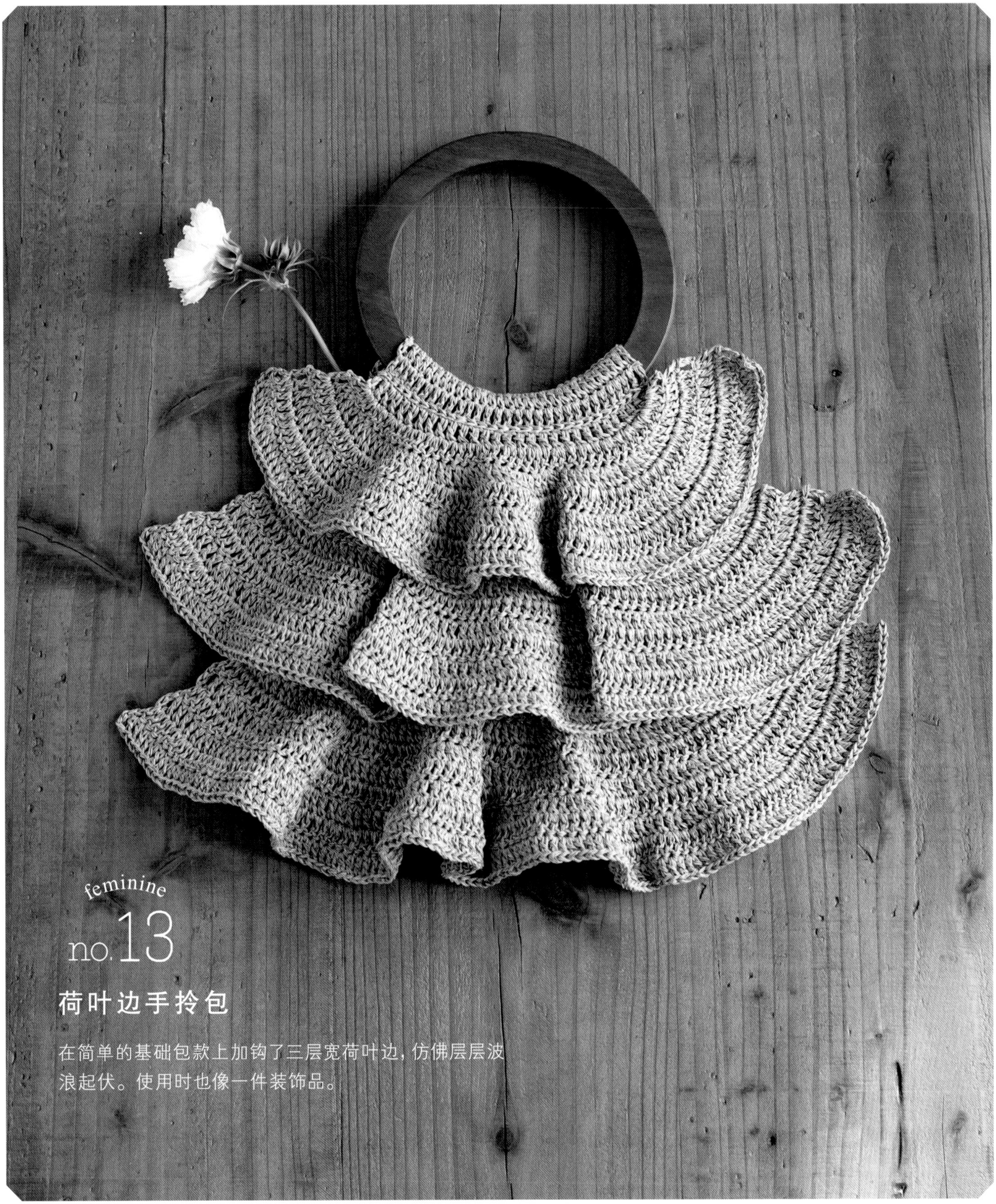

feminine

no.13

荷叶边手拎包

在简单的基础包款上加钩了三层宽荷叶边，仿佛层层波浪起伏。使用时也像一件装饰品。

▶▶▶ 制作方法：第 54 页 尺寸（包袋部分）：袋口宽 16.5cm　底部宽 22cm　高 21cm

feminine

no.14

荷叶边口金包

金色线材钩织的口金包比较正式、庄重，适合出现在派对这类隆重的场合。与 no.13 相比，这款包缩短了荷叶边的长度，显得更为成熟、干练。

▸▸▸ 制作方法：第 56 页 尺寸（包袋部分）：袋口宽 23.5cm 底部宽 23.5cm 高 16cm

儿时记忆里的景象，钩织出来就像一幅小小的风景画。
固定在拉链上的立体小挂件完美契合了风景的主题。

same pattern
no.15
山峰小包

same pattern
no.16
海洋小包

▶▶▶ no.15 制作方法：第 58 页　尺寸：袋口宽 16cm　高 11.5cm
no.16 制作方法：第 59 页　尺寸：袋口宽 16cm　高 12cm

帽子和包袋的钩织方法完全一样。有趣的地方在于，改变了线材的种类，钩织完成后上下颠倒使用，就变成了截然不同的作品。一次我看到倒着晾晒的帽子时突发奇想，便设计制作了这两个作品。

same pattern

no.17

帽子

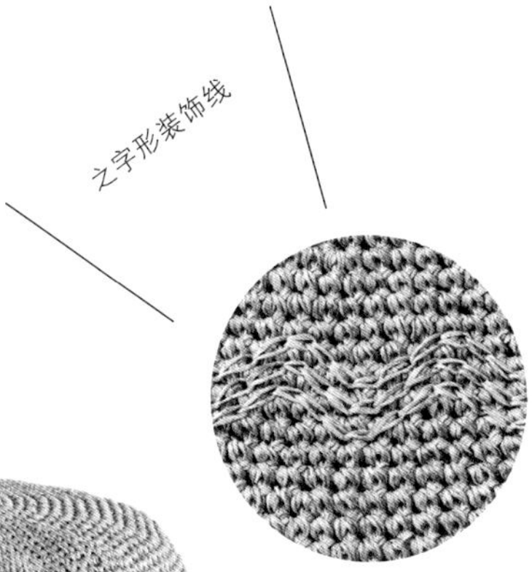

same pattern

no.18

竹制提手包

▶▶▶ no.17 制作方法：第 60 页　尺寸：头围 57cm

no.18 制作方法：第 60 页　尺寸：袋口宽 54cm　底部宽 19cm　高 24cm

elephant motif

no.19

扁平款大象拎包

制作长方形的包，使用白色风筝线装饰出大象的样子。用流苏制作大象尾巴，颇有趣味。此款包配色典雅，是适合成人的可爱款式。

►►► 制作方法：第 62 页　尺寸：袋口宽 40cm　高 29cm

elephant motif

no.20

大象玩偶

这是以我最喜爱的大象为主题制作出的立体玩偶。乍一看结构有些复杂，但实际是和钩织包袋类似的。主体部分从背部开始圈状钩织，确认好各部分的钩织顺序，最后仔细地进行组合。

▶▶▶ 制作方法：第 64 页 尺寸：长约 17cm 高约 12cm

musubi

no.21

木环绳结包

预先钩织好提手，最后使用木环和主体连接。提手紧实不易拉伸，包身牢固不易变形，可以长久使用。

▶▶▶ 制作方法：第 68 页 尺寸：袋口宽 27cm 高 23cm

THE EXPERTISE OF CHELSEA MARKET ARTISANS,
COLLECTED IN ONE BOOK
stewart tabori & chang

musubi

no.22

纽扣结钥匙环

圆滚滚的纽扣结，像是中式的纽扣，相当可爱。按照自己的喜好，选择不同粗细、不同材质的线材来试一试吧！

musubi

no.23

四叶草结胸针

四叶草结原本只有三个线环，最后将线头收到中心位置，就形成了第四个线环，可以制作出有着四片叶子的胸针。

▶▶▶ no.22 制作方法：第 70 页　尺寸：麻绳款直径 3cm　皮绳款直径 2.5cm（不含绳圈和钥匙环）
no.23 制作方法：第 72 页　尺寸：大款 4cm×5cm　小款 3cm×4cm

miniature bag

no.24

迷你小包挂饰

挑选几个前面所介绍的包袋，设计、制作出了迷你款。迷你款特别小巧、细致，完成时也就更有成就感。和同款的大包搭配使用，或是作为胸针使用，都相当的别致有趣。

▶▶▶ 制作方法：a~b 第 74 页　c 第 75 页　d 第 76 页

尺寸：a 纵向 4cm、横向 7.5cm　b 纵向 5.5cm、横向 8.5cm　c 纵向 5.5cm、横向 8.5cm　d 纵向 4cm、横向 6.5cm（不含提手和五金）

全彩图基础教程

※ 图示用线与作品实际用线不同。

这里配合图片，分步讲解“从底部开始钩织的圆底包”no.1~no.4 的一些制作要点。这些基础知识，在“丰富、有趣的包形变化”的作品中同样适用，事先掌握很有必要。参照第 33、34 页的钩织图解，一起来试一试吧！

no.1 基础款购物包（第 4、33 页）

钩织开始

线头绕线环起针（绕一圈）

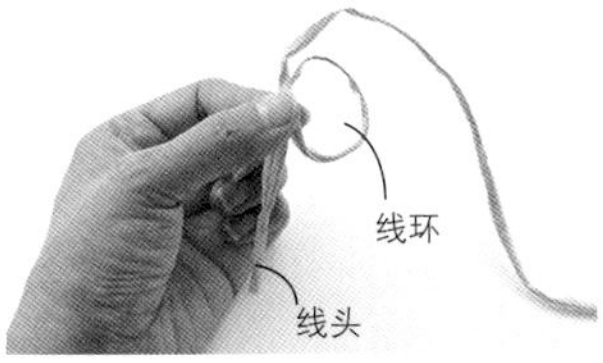

1 线头绕一个线环。

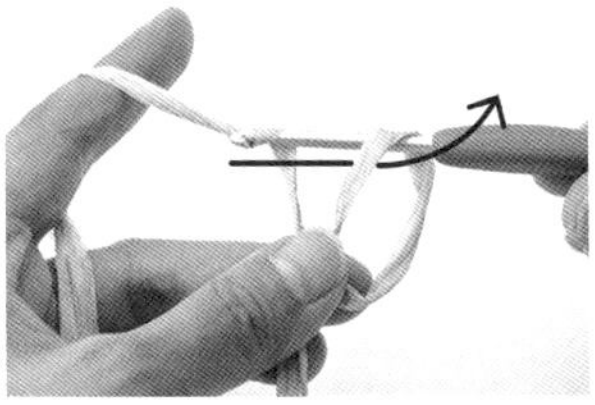

2 手指捏紧线环底部，钩针插入线环挂线，沿箭头方向引拔。

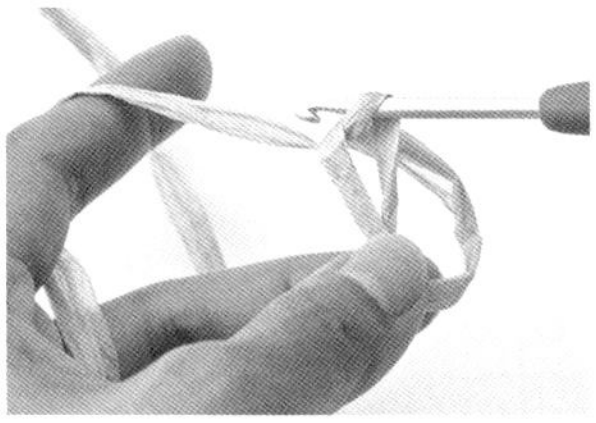

3 完成引拔。

钩织第一行

钩织短针

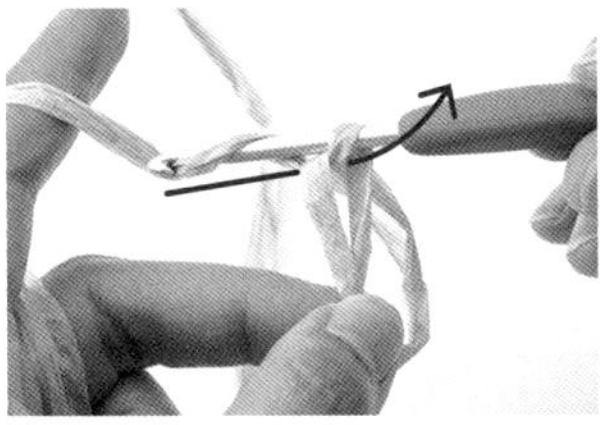

1 挂线，沿箭头方向引拔（引拔完成的针目即为“钩织开始的立织针目”）。

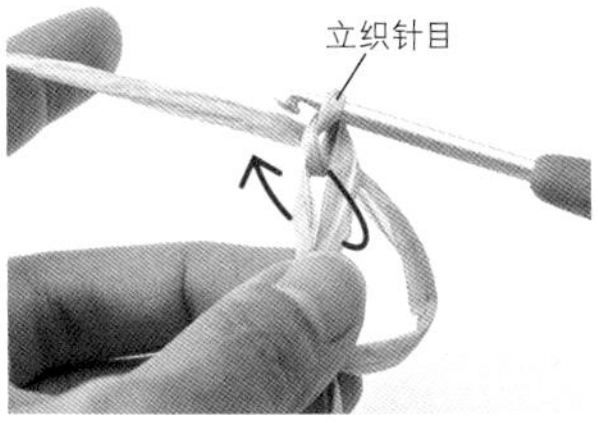

2 沿箭头方向，钩针插入线环，挂线引拔。

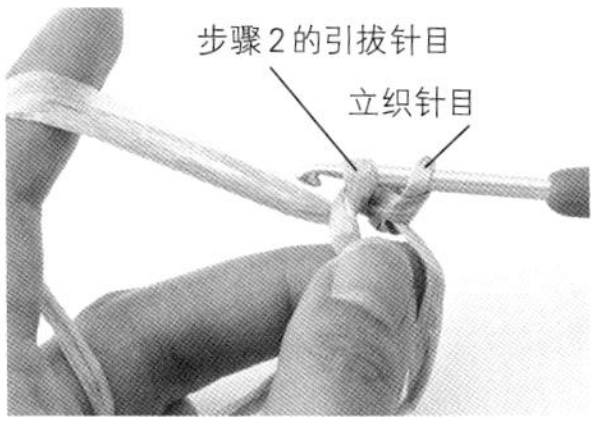

3 完成引拔。

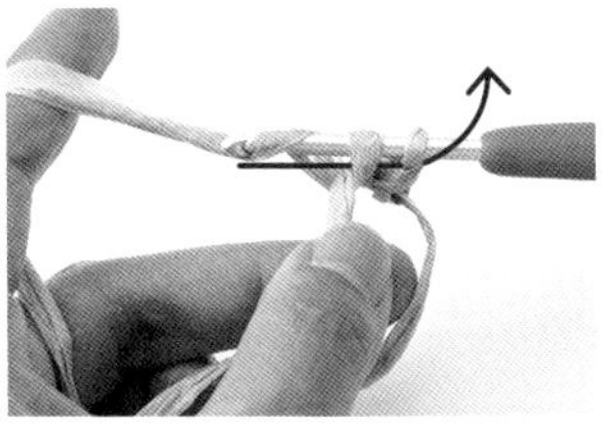

4 钩针挂线，沿箭头方向，一次钩过针上2个线圈。

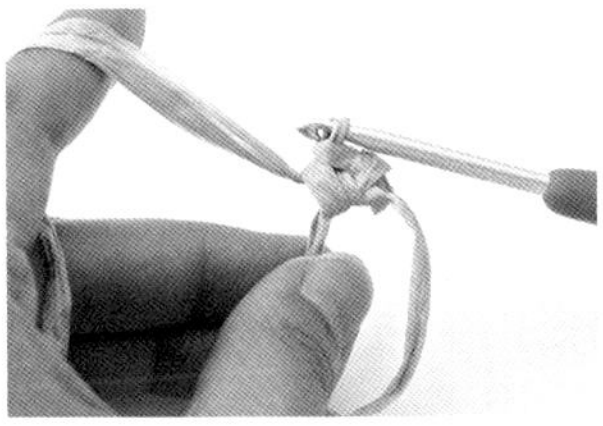

5 完成第一针短针钩织。

6 重复步骤2~5，一共钩6针短针。

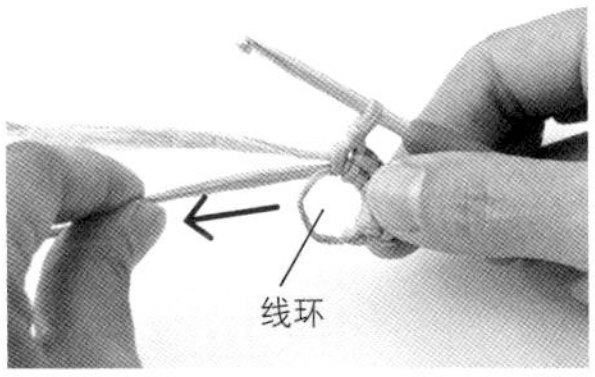

7 拉线头，抽紧线环。

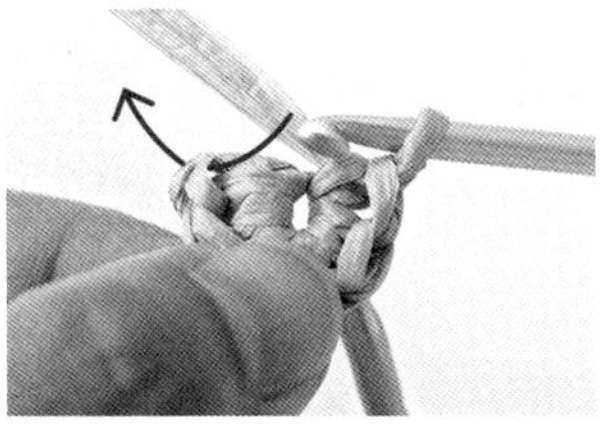

8 钩针沿箭头方向插入第一针短针针目，挂线引拔。

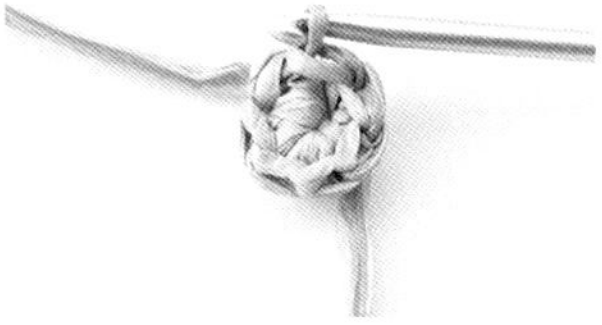

9 完成引拔。第一行钩织完成。

钩织第二行

钩织 “1针放2针短针”

1 立织1针。接着沿箭头方向，钩针插入短针针目，挂线引拔。

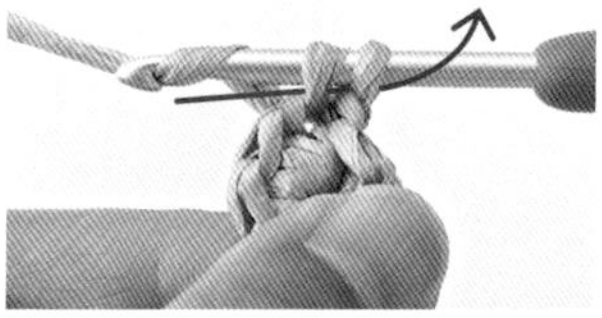

2 钩针挂线，沿箭头方向，一次钩过针上2个线圈。

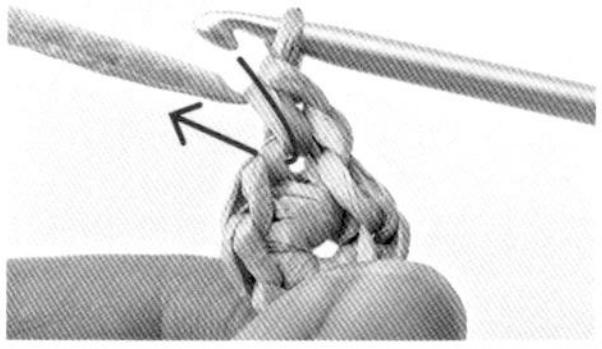

3 完成1针短针。再在同一位置插入钩针。

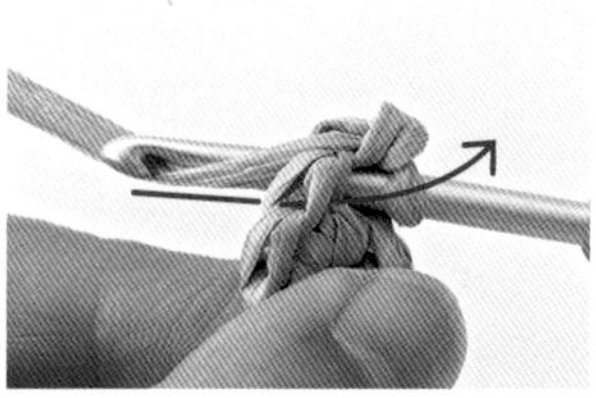

4 挂线引拔。

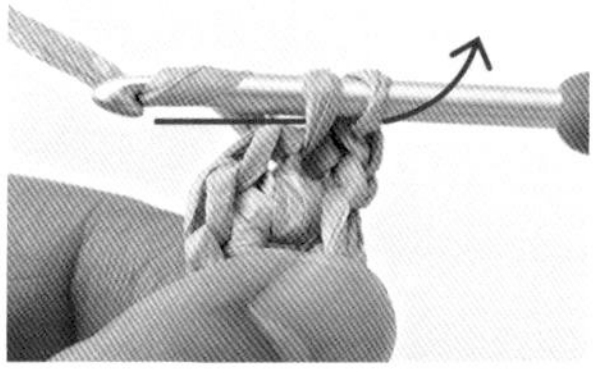

5 钩针挂线，沿箭头方向，一次钩过针上2个线圈。

6“1针放2针短针” 完成。同一位置钩织了2针短针，针数增加。

7 以同样的方法钩6次“1针放2针短针”(一共12针)。

8 钩针沿箭头方向插入第二行的第一针短针针目，挂线引拔。

9 完成引拔。第二行钩织完成。

继续钩织底部

按照钩织第一行和第二行的方法，完成底部的20行钩织，参照钩织图解加针。

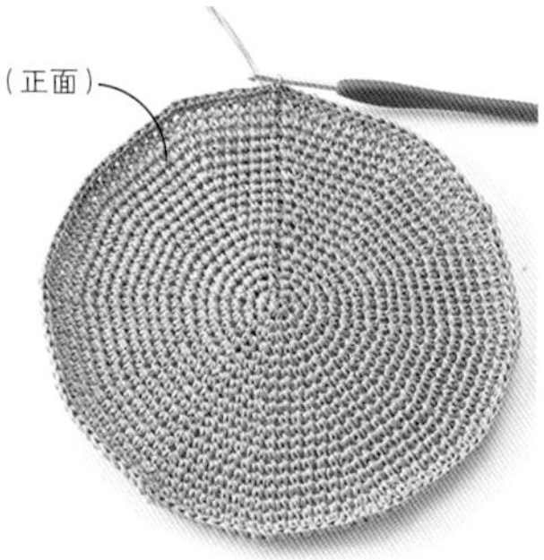

钩织侧面

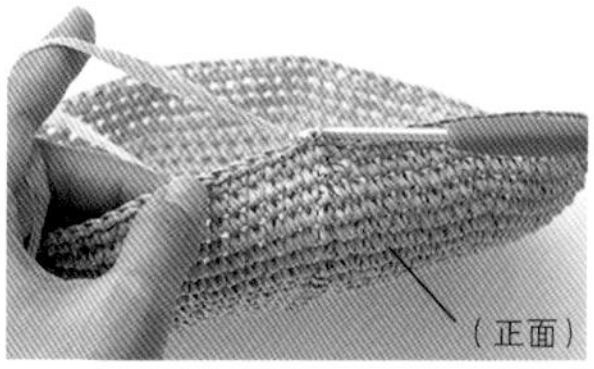

1 完成底部后继续钩织侧面。侧面竖起，形成立体的包形。钩织的正面作为包袋的外侧。

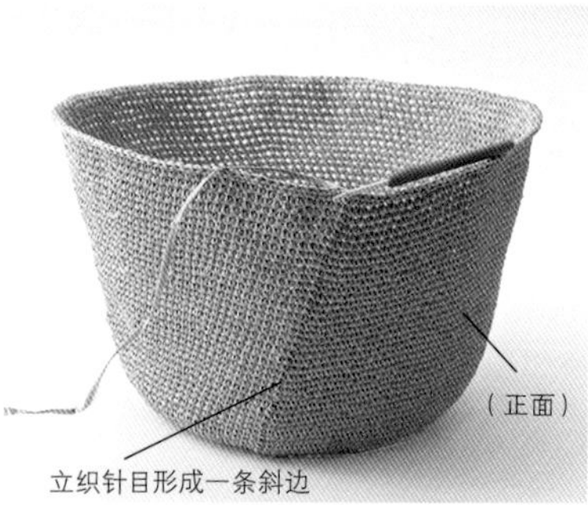

2 钩织至袋口，暂时不断线。

钩织提手

提手芯

1 参照第33页的钩织图解，钩针插入指定位置的短针针目，加线(图片中更换了线材颜色，便于理解)。

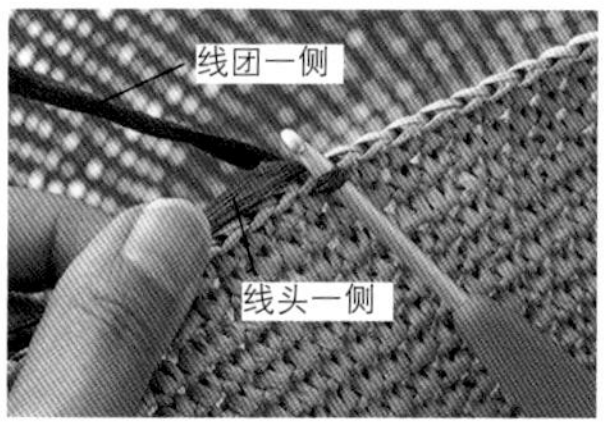

2 引拔，将线头一侧的线压在线团一侧线的上方(线不易松脱)。

3 挂线引拔，钩织锁针。

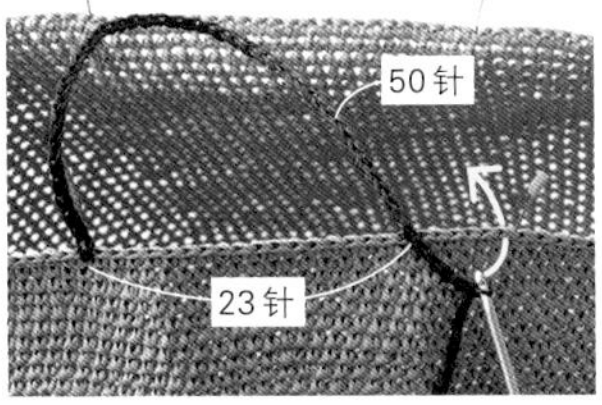

4 钩50针锁针。在右侧间隔23针处，钩针插入指定位置的短针针目（箭头位置），挂线引拔。

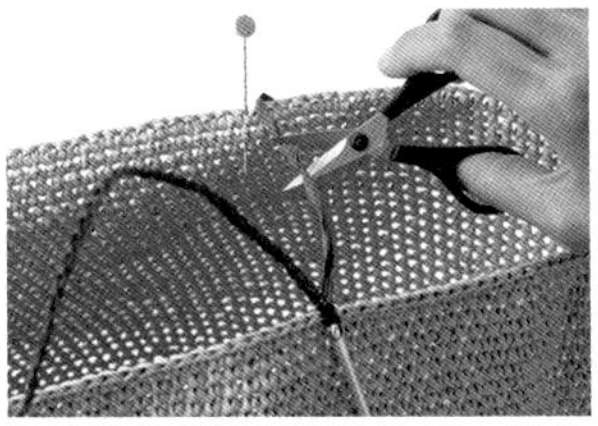

5 留出10cm左右的线头，断线。

6 拉出线头。

7 从背面插入钩针，把线头引拔至背面。

8 提手芯钩织完成。以同样的方法钩织完成另一侧。

提手外侧第一行

1 使用侧面完成时留下的线，继续钩织袋口短针至提手芯位置前一针。沿箭头方向插入钩针，挂线引拔。

2 钩针上套有2个线圈。在箭头位置插入钩针（挑锁针的半针），挂线引拔。

3 钩针上套有3个线圈。挂线，一次钩过3个线圈。

4 完成提手连接（“2针短针并1针”）。

5 继续挑提手芯锁针的半针，钩织短针。

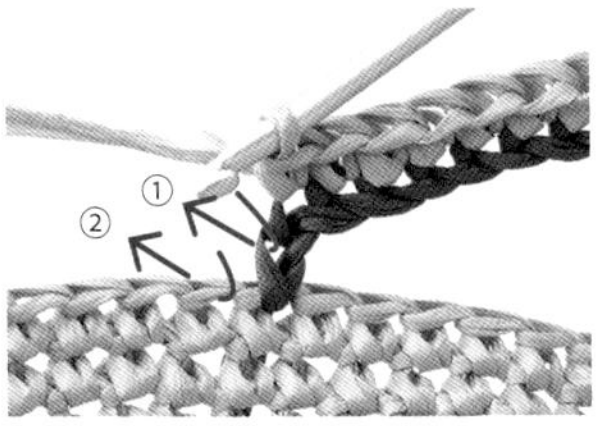

6 钩织至提手芯另一端，即锁针最后一针的前一针，在位置①插入钩针，挂线引拔，再在位置②插入钩针，挂线引拔。

7 钩针上现有3个线圈。挂线，一次钩过3个线圈。

8 完成另一端的提手连接（“2针短针并1针”）。

9 继续钩织短针，完成袋口和另一侧提手的外侧第一行。

提手外侧剩余部分

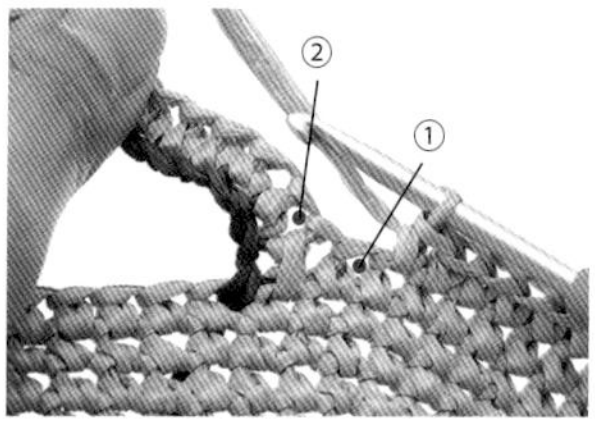

1 第一行完成后继续钩织第二行。分别在位置①和②插入钩针，挂线引拔（跳过转角的1针）。

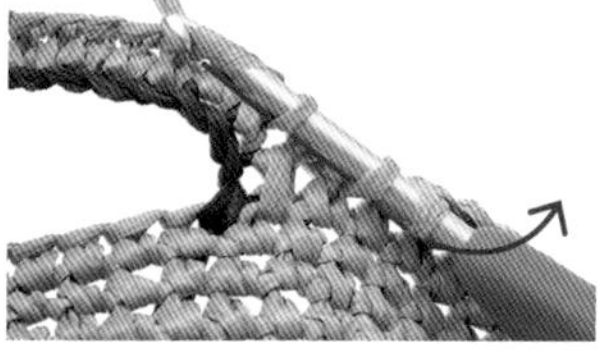

2 挂线，一次钩过针上3个线圈。

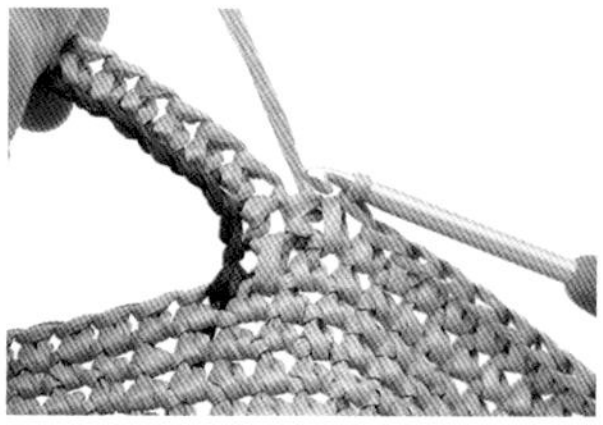

3 完成提手第二行连接（“2针短针并1针”）。

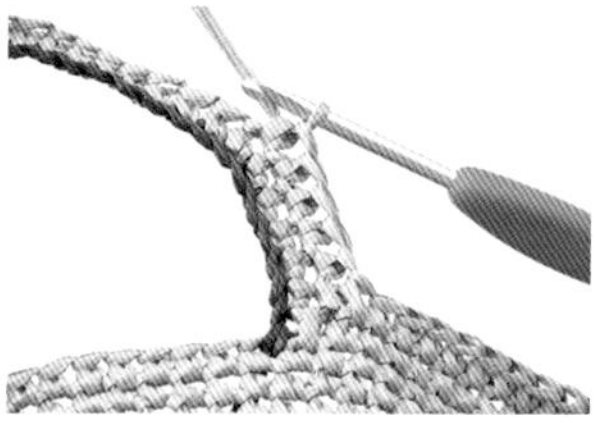

4 挑前一行的短针针目，继续钩织短针至完成第四行。

提手内侧

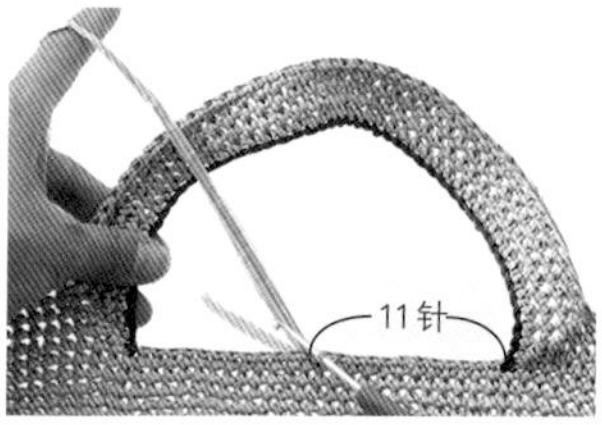

1 参照第33页的钩织图解，在指定位置加线。

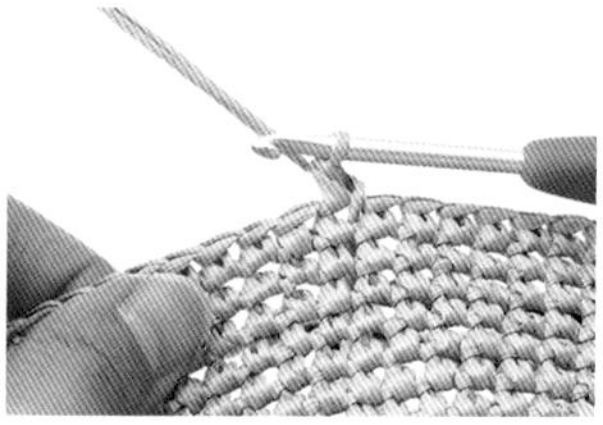

2 立织1针后，钩织短针。

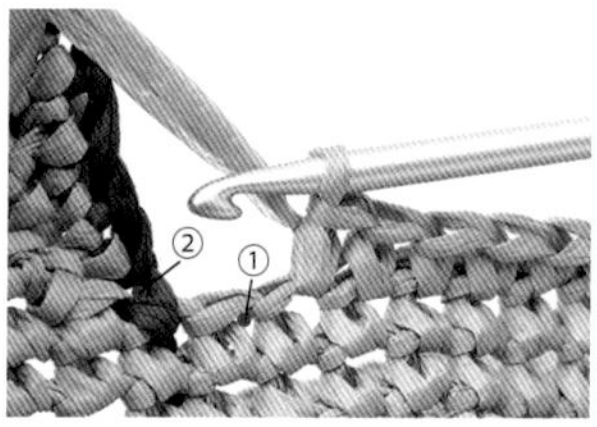

3 钩织短针至提手芯位置前一针。分别在位置①和②插入钩针，挂线引拔。

4 钩针上套有3个线圈。

5 挂线，一次钩过针上3个线圈（“2针短针并1针”）。

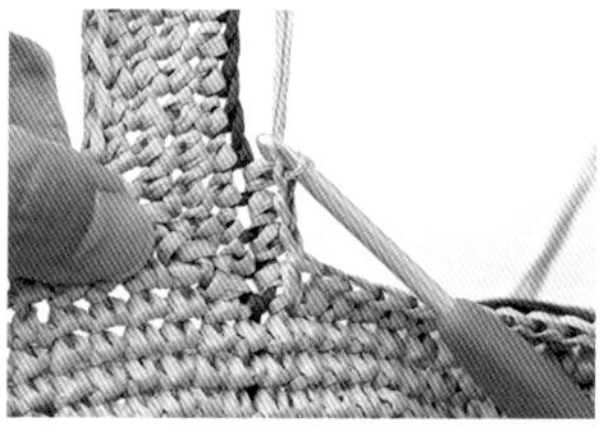

6 继续钩1行短针。以同样的方法，一共完成4行。

完成提手

1 提手背面相对对折，在指定位置（第33页♥）加线引拔。线头留出20cm左右（图片中更换了线材颜色，便于理解）。

2 钩针插入旁边的针目，挂线引拔，钩织引拔针。

3 继续钩织引拔针。

4 钩30针引拔针，留出20cm左右长的线后断线，拉出线头。使用毛衣缝针，如图所示，在同一针目入针。

5 从前向后再次入针。

6 再次从前侧入针，仅穿过对折提手前侧的一片，进行加固。

7 线头穿进织物中，藏好线头。钩织开始处的线头以同样的方法进行加固，处理线头。以同样方法完成另一侧的提手。

no.2 平结提手购物包（第5、36页）

提手平结的打法

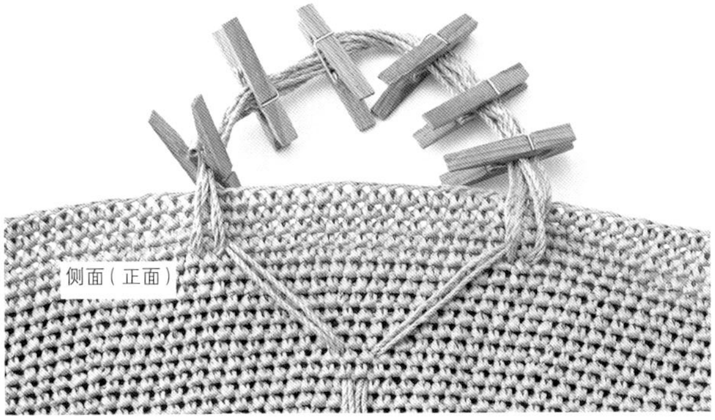

侧面（正面）

1 穿好提手芯用线。用木夹固定，防止松脱。穿提手芯用线的位置和方法参照第34、37页。

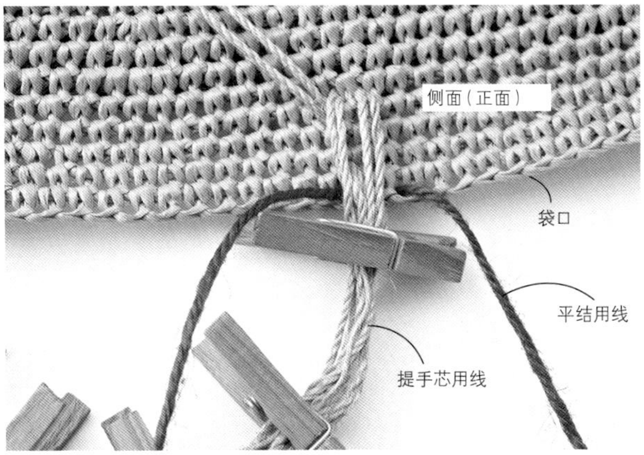

侧面（正面）
袋口
平结用线
提手芯用线

2 如图所示，平结用线（为了便于理解，图片中更换成了红色线）从侧面最后一行的针目由内向外穿出。左右两侧的线长度相同。

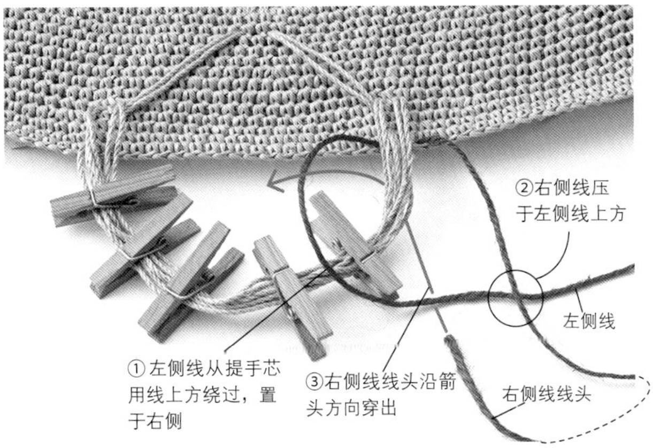

②右侧线压
于左侧线上方
左侧线
①左侧线从提手芯
用线上方绕过，置
于右侧
③右侧线线头沿箭
头方向穿出
右侧线线头

3 左侧线从上方绕过提手芯用线，置于右侧（①）。右侧线压于左侧线的上方（②），沿箭头方向穿出（③）。

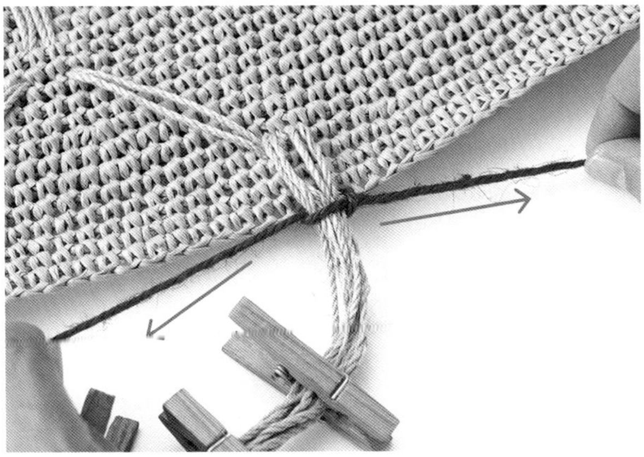

4 同时拉紧左右两侧的线，完成1个平结。

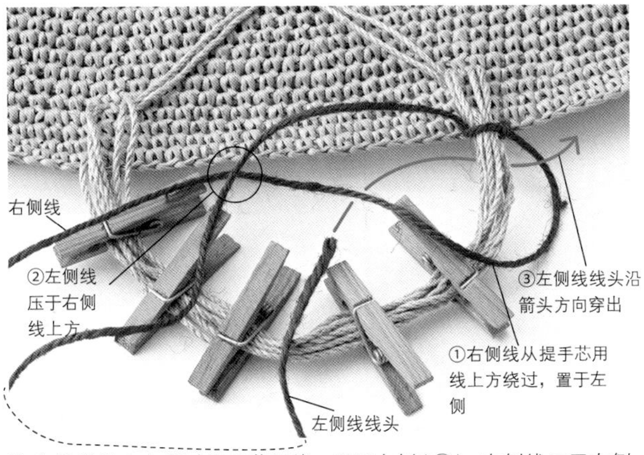

右侧线
②左侧线
压于右侧
线上方
③左侧线线头沿
箭头方向穿出
①右侧线从提手芯用
线上方绕过，置于左
侧
左侧线线头

5 右侧线从上方绕过提手芯用线，置于左侧（①）。左侧线压于右侧线的上方（②），沿箭头方向穿出（③）。

6 同时拉紧左右两侧的线，完成1个平结。

7 重复步骤3~6，继续打平结至提手的另一端。以同样方法完成另一侧的提手。

no.3 打褶包（第6、35页）

打褶方法

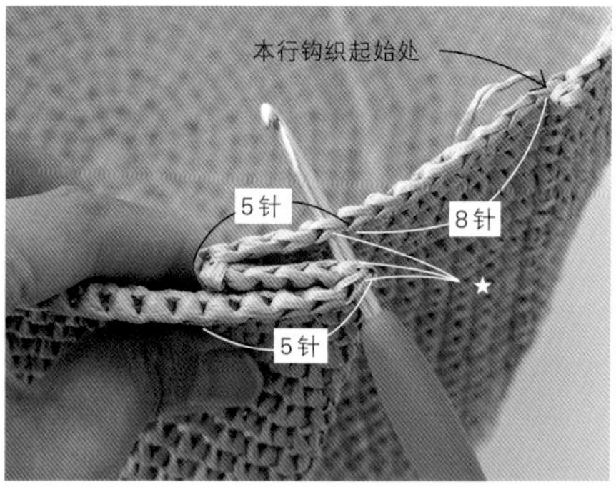

1 参照第35页的钩织图解，如图所示，折叠袋口，钩针同时插入标有☆记号的3针短针针目。

2 加线引拔。

3 钩针挂线，立织一针锁针。

4 对齐3层的针目，钩织短针固定。

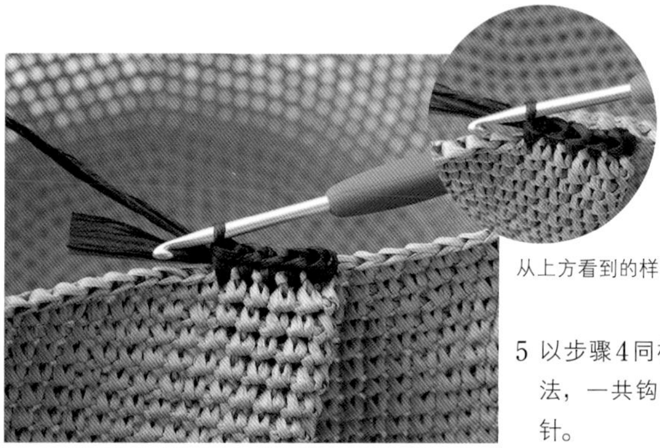

从上方看到的样子

5 以步骤4同样的方法，一共钩5针短针。

6 两侧以同样方法，在指定位置打褶，钩织短针固定。同时钩织短针，完成袋口打褶。

no.4 风琴包（第7、38页）

折叠胁边

参照第38页的钩织图解，穿过皮绳，如图所示折叠织物。皮绳两端重叠，使用蜡线缝合。

钩织方法要点

※ 各种钩织方法都遵循同样的要领。

钩织过程中更换配色线

包线提花

完成的提花
花样整齐美观

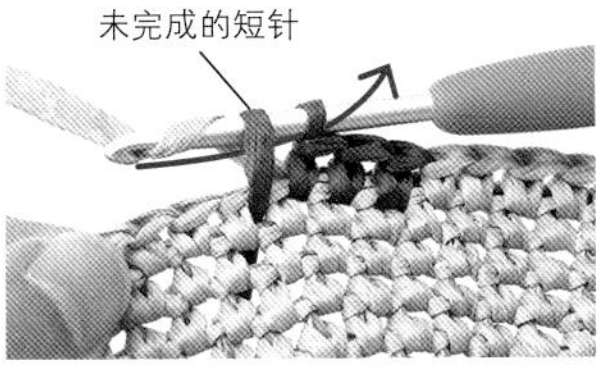

1 换线于前一针钩织未完成的短针。钩针绕新线，沿箭头方向引拔。

2 完成换线。

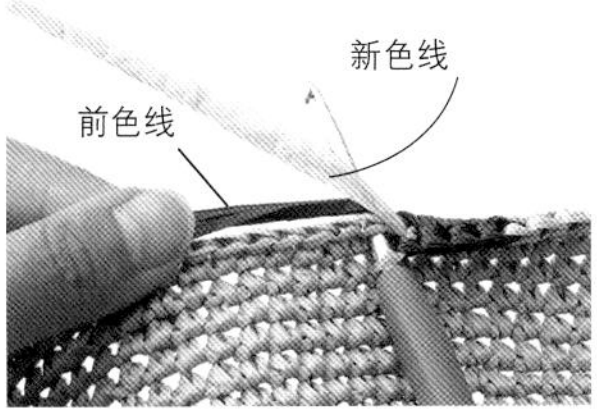

3 前色线沿织物边缘置于新色线后方，从两色线下方插入钩针，挂新色线引拔。不用断线，包住前色线进行钩织。

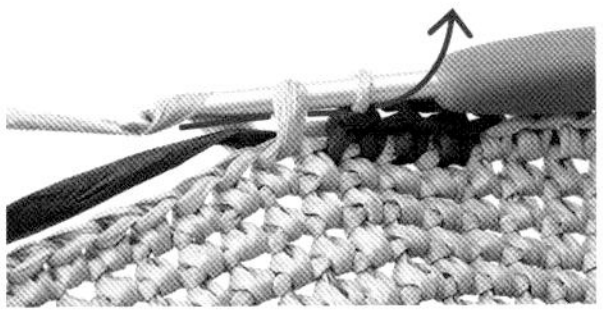

4 挂线，一次钩过针上2个线圈。

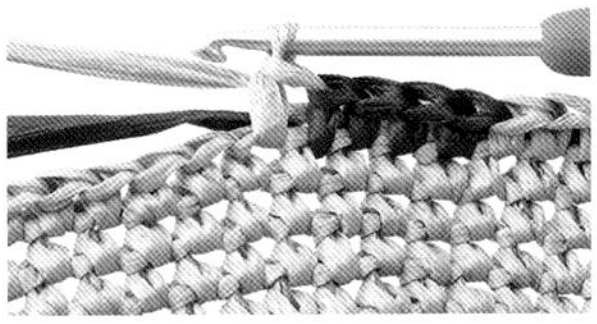

5 完成换线的1针短针。

分开针目挑针

第42、68页的作品适用

不易出现斜边

1 钩针挂线，插入前一行针目（记号●的位置），挂线引拔。

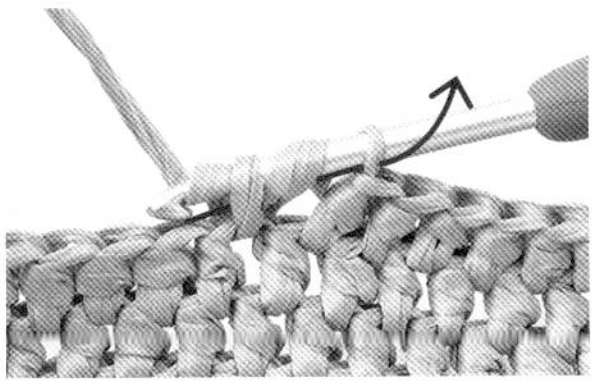

2 沿箭头方向引拔，钩织中长针。

3 分开针目挑针，完成中长针钩织。

锁针上成束挑针

形成镂空花样

1 钩针挂线，沿箭头方向插入钩针，挑整段锁针后，挂线引拔。

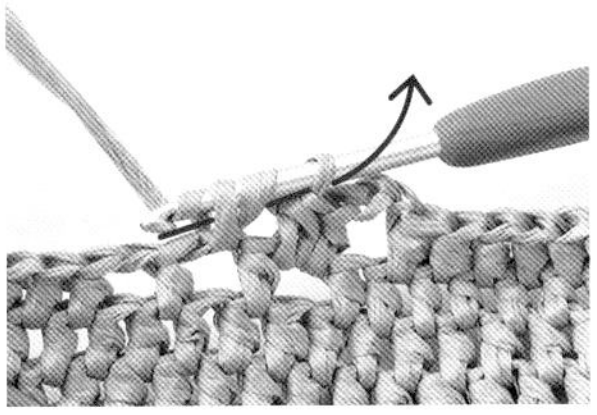

2 沿箭头方向引拔，钩织中长针（根据作品的不同，也会有钩织短针的情况）。

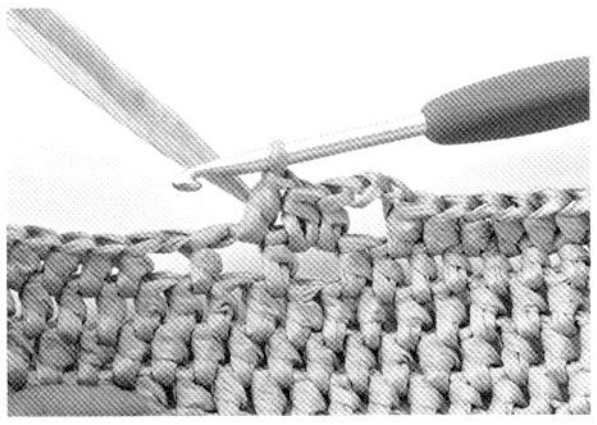

3 成束挑整段锁针，完成中长针钩织。

首尾链状连接

钩织开始与
钩织完成处
完美连接

1 完成最后一针短针，把线拉出。使用毛线缝针，从背面插入第一针短针的针目。

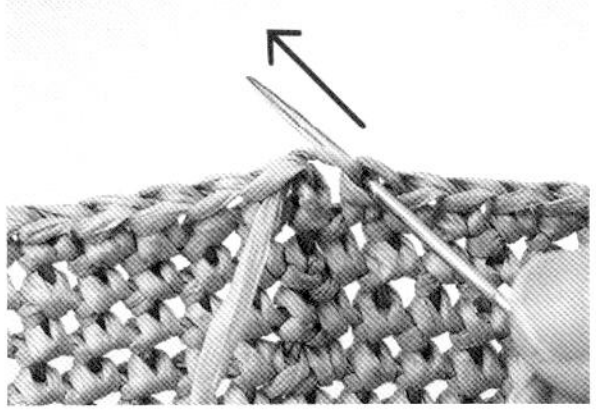

2 从最后一针短针的锁针中间入针。

3 拉紧线，连接第一针与最后一针。

主要线材和工具

线材

本书的作品使用了各种以麻、棉、和纸等天然原材料所制成的线材。选择的材料不同、粗细不同，完成的作品也各具风格。

马尼拉麻线

把马尼拉麻原料加工成像纸一样的薄平带状，在进行搓捻加工和防水处理后，制成可以洗涤的条状线材。适合钩织帽子、包袋、置物篮等。100% 马尼拉麻。

马尼拉麻蕾丝线

把马尼拉麻原料加工成像纸一样的薄平带状，搓捻加工成更轻、更细的蕾丝线。可以同时用多股线钩织。可以洗涤。100% 马尼拉麻。

麻线

选择高品质的原料麻，采用牢固的染色技术，纺成顺滑的彩色麻线。不做上蜡处理，保留线材的柔软度，在手工制作中广泛使用。100% 麻。

黄麻苎麻混纺线

在黄麻中加入高品质的苎麻，混纺成不易起毛、柔软好用的麻线。颜色也非常丰富。50% 苎麻、50% 黄麻。

针织棉线

螺旋绕成圆筒状的棉线。线团中空，轻便易于编织，织物柔韧松软。夹花的色调魅力十足。100% 棉。

仿树皮线

用和纸做成的，触感类似树皮的条状线材。轻巧有弹性，可以手洗。适合钩织帽子、包袋。100% 和纸。

工具

这里仅介绍几种主要的工具。
其他的例如线剪、毛线缝针、卷尺等工具，请根据每件作品的需要进行准备。

钩针

本书主要使用6/0~8/0号钩针。请事先在制作方法的页面确认所使用钩针的针号。钩织密度无法达到要求的情况下，可以适当调整针号。

计数环

可以很方便地在钩织开始或加线的针目位置做好标记。

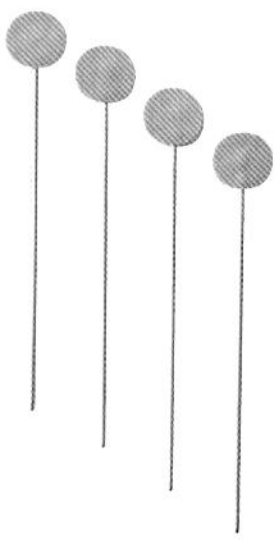

织物用固定针

拼接侧边、折叠打褶部分时用来固定织物。也可以替代计数环，标记针目的位置。

Basic no.1

基础款购物包 第 4 页／第 25~28 页的彩图讲解

* 说明：在本书中，“=”意为“相当于”。“19 针 20 行 =10cm×10cm”是指钩织 19 针、20 行完成的织片尺寸为 10cm×10cm。
“92cm=174 针”是指钩织 174 针的尺寸为 92cm。
“2cm=4 行”是指钩织 4 行的尺寸为 2cm。

- ●**线材** 仿树皮线 焦糖色（652）160g（6 卷）
- ●**工具** 6/0 号钩针，毛衣缝针
- ●**钩织密度** *短针 19针20行=10cm×10cm
- ●**完成尺寸** 参照图示

〈钩织方法〉

用 1 股线钩织。

1 钩织底部和侧面。线头绕成线环起针，底部钩 20 行短针，继续钩织侧面 39 行短针，暂时不断线。

2 钩织提手芯。在袋口的指定位置（〈袋口和提手钩织图解〉中的①）加线，钩 50 针锁针起针，在指定位置引拔。

3 使用步骤 **1** 留下的线，继续钩织袋口和提手外侧（②）。钩织短针，第一行参照图示加 4 针。一共钩 4 行。

4 钩织提手内侧。在袋口的指定位置（下图的③）加线，钩 4 行短针。

5 完成提手。在步骤 **2** 的起针位置对折，两片边缘对齐，钩 30 针引拔针（④）。

〈制图〉 底部和侧面的钩织图解在第34页

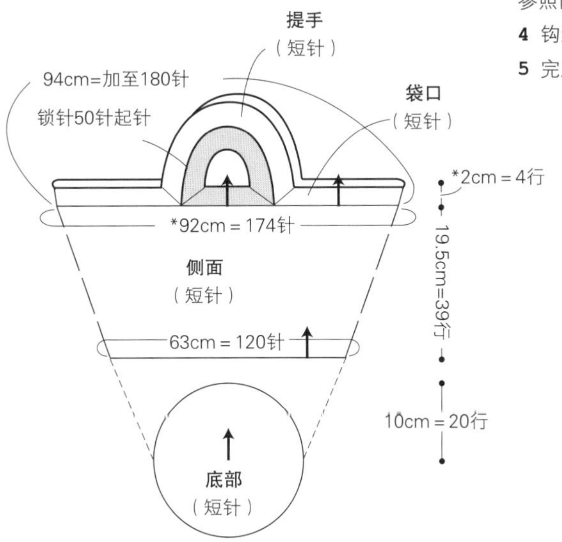

〈尺寸和完成方法〉

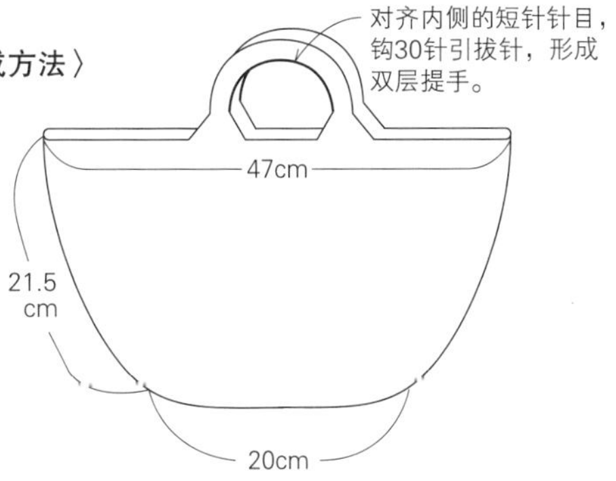

〈袋口和提手钩织图解〉

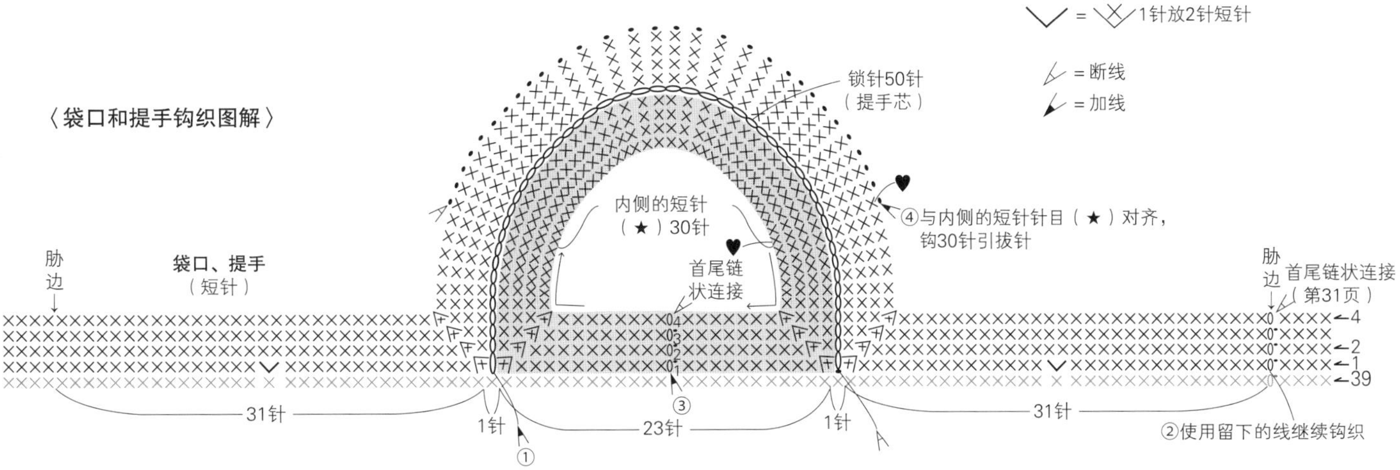

➡转第34页

〈no.1~ no.4 底部和侧面钩织图解〉

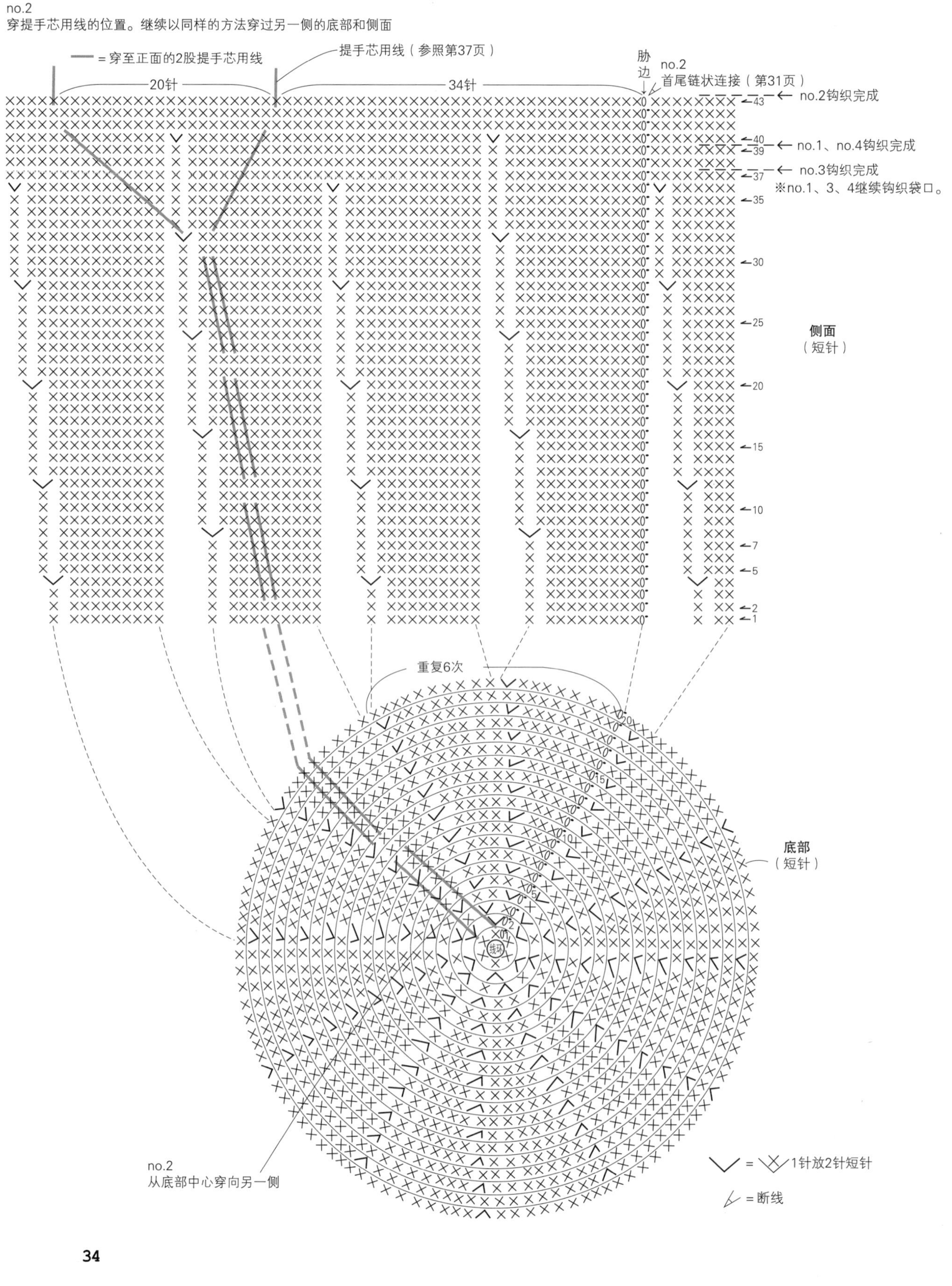
no.2
穿提手芯用线的位置。继续以同样的方法穿过另一侧的底部和侧面
= 穿至正面的2股提手芯用线
提手芯用线（参照第37页）
20针
34针
胁边
no.2
首尾链状连接（第31页）
← no.2钩织完成
← no.1、no.4钩织完成
← no.3钩织完成
※no.1、3、4继续钩织袋口。
43
40
39
37
35
30
25
20
15
10
7
5
2
1
侧面
（短针）
重复6次
20
15
10
5
1
线环
底部
（短针）
no.2
从底部中心穿向另一侧
= 1针放2针短针
= 断线

〈no.1~no.4 底部和侧面的针数和加减针〉

	行	针数	加减针	
侧面				← no.2
	43～41	180针	没有加减针	
	40	180针	加6针	← no.1、4
	39～37	174针	没有加减针	← no.3 至第37行
	36	174针	加6针	
	35～33	168针	没有加减针	
	32	168针	加6针	
	31～29	162针	没有加减针	
	28	162针	加6针	
	27～25	156针	没有加减针	
	24	156针	加6针	
	23～21	150针	没有加减针	
	20	150针	加6针	
	19～17	144针	没有加减针	
	16	144针	加6针	
	15～13	138针	没有加减针	
	12	138针	加6针	
	11～9	132针	没有加减针	
	8	132针	加6针	
	7～5	126针	没有加减针	
	4	126针	加6针	
	3～1	120针	没有加减针	
底部	20	120针	每行加6针	
	19	114针		
	18	108针		
	17	102针		
	16	96针		
	15	90针		
	14	84针		
	13	78针		
	12	72针		
	11	66针		
	10	60针		
	9	54针		
	8	48针		
	7	42针		
	6	36针		
	5	30针		
	4	24针		
	3	18针		
	2	12针		
	1	钩出6针		

Basic

no.3

打褶包 第6页／第30页的彩图讲解

●**线材** 马尼拉麻线 薄荷绿色（518）160g（8团）、藏青色（524）30g（2团）

●**工具** 6/0号钩针，毛线缝针

●**钩织密度** 短针 17针20行 =10cm×10cm

●**完成尺寸** 参照图示

〈钩织方法〉

用1股线按照指定配色钩织。

底部、侧面的钩织图解在第34页。

1钩织底部和侧面。薄荷绿色线的线头绕成线环起针，底部钩20行短针，继续钩织侧面37行短针。

2钩织袋口打褶。在指定位置加藏青色线，第一行挑针的同时，侧面打褶，袋口共钩6行短针，每一行断线（下图的①）。第六行完成后继续钩34针锁针（②），挑第一针短针引拔。

3钩织袋口和提手。在肋边位置加藏青色线，钩织袋口和提手的6行短针（③）。提手的钩织方法参照第26页“钩织提手”。

〈制图〉 底部与侧面的钩织图解在第34页

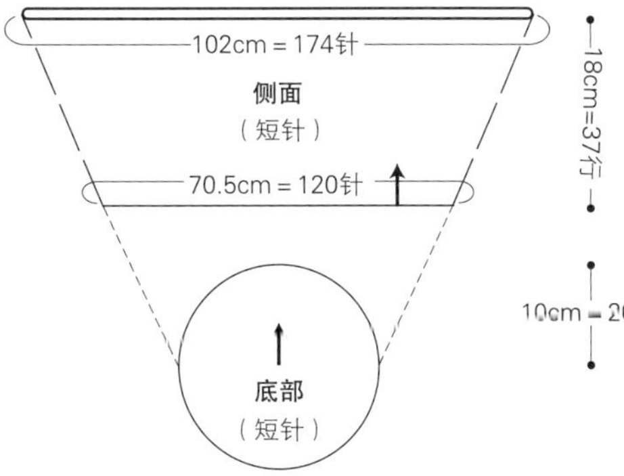

〈尺寸和完成方法〉

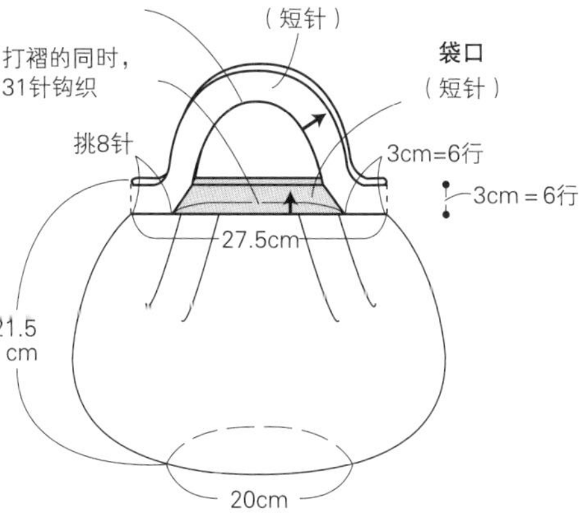

〈袋口和提手钩织图解〉

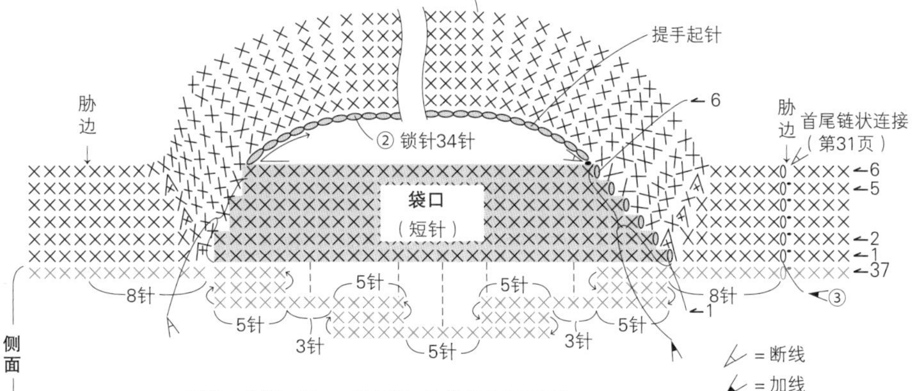

①袋口的第一行，一边打褶一边钩织（第30页）

※打褶部分重叠了3层织物，挑针时注意不要遗漏。

➡转第34页

Basic

no.2

平结提手购物包 第 5 页 / 第 29 页的彩图讲解

- **线材** 麻线 细款 纯麻色（361）200g（大卷 2 卷）
  < 提手使用 > 麻线 粗款 纯麻色（361）
  380cm 4 根（提手芯使用）
  300cm 2 根（平结使用）（2 束）
- **工具** 6/0 钩针，毛线缝针，木夹
- **钩织密度** 短针 20.5针24行=10cm×10cm
- **完成尺寸** 参照图示

〈钩织方法〉

用 1 股线钩织。

底部、侧面的钩织图解同 no.1（第 34 页）。

1 钩织底部和侧面。线头绕成线环起针，底部钩 20 行短针，继续钩织侧面 43 行短针。

2 制作提手。提手芯用线每 2 根为一组，共两组（4 根），参照提手的制作方法，穿过包的侧面和底部。穿好后提手芯是由两侧的各两组线重叠合成的，有四组线（8 根）。使用平结用线（参照下图与第 29 页），编出 22cm 长的平结。在背面打结断线。

〈制图〉

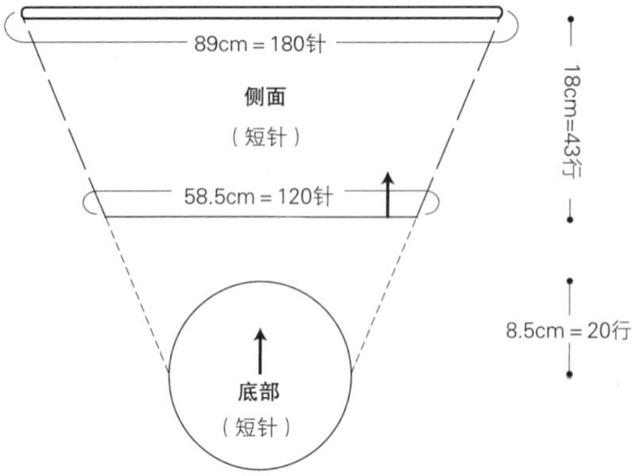

〈尺寸和完成方法〉

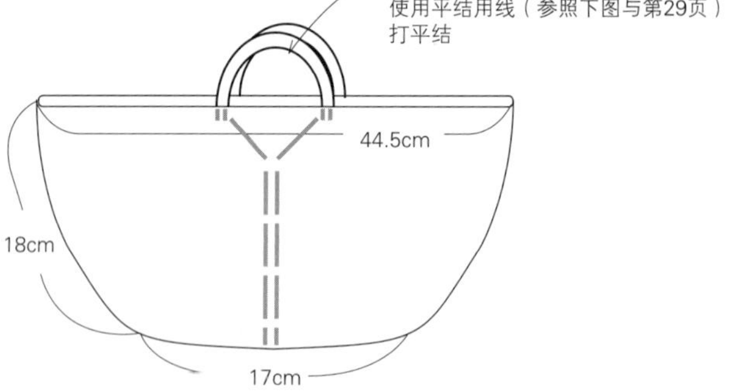

〈平结制作方法〉

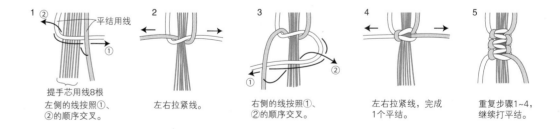

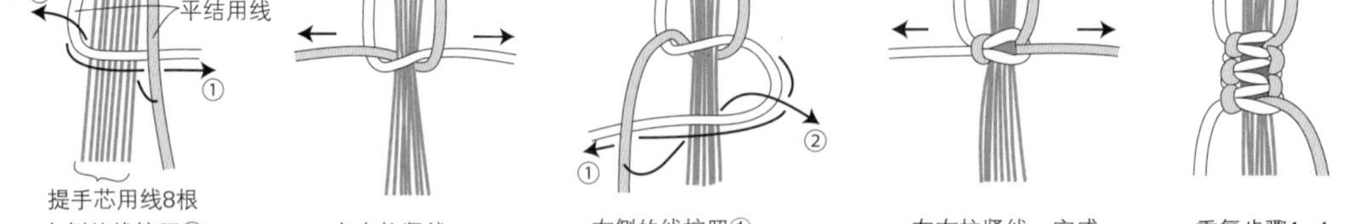

1 左侧的线按照①、②的顺序交叉。

2 左右拉紧线。

3 右侧的线按照①、②的顺序交叉。

4 左右拉紧线，完成1个平结。

5 重复步骤1~4，继续打平结。

〈提手制作方法〉

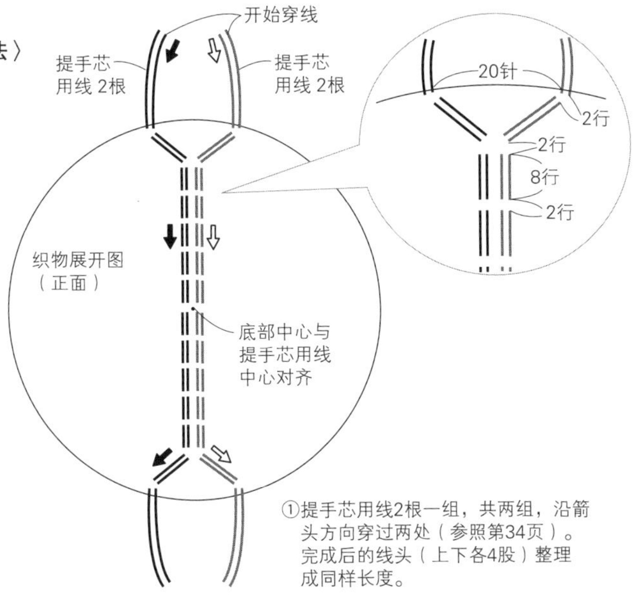

①提手芯用线2根一组，共两组，沿箭头方向穿过两处（参照第34页）。完成后的线头（上下各4股）整理成同样长度。

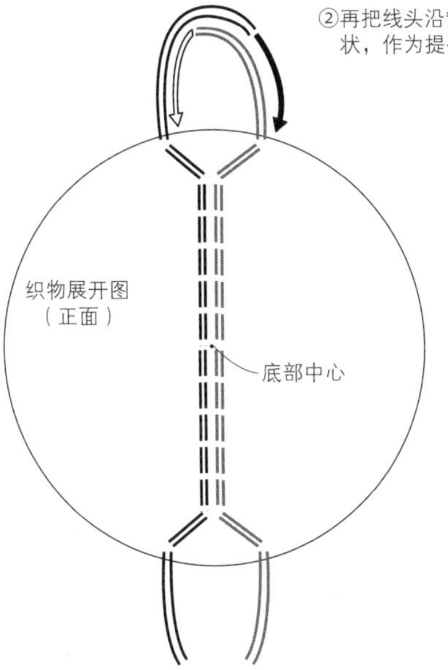

②再把线头沿箭头方向绕成圈状，作为提手芯。

提手部分放大

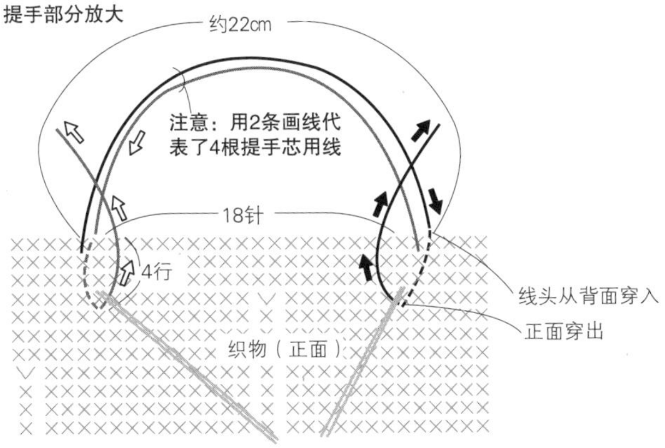

③按步骤②绕成圈状，从图示位置，将线由背面向正面穿出。留出约22cm的线圈。

※为了便于理解，从步骤③开始把2根提手芯用线使用一条画线来表示。

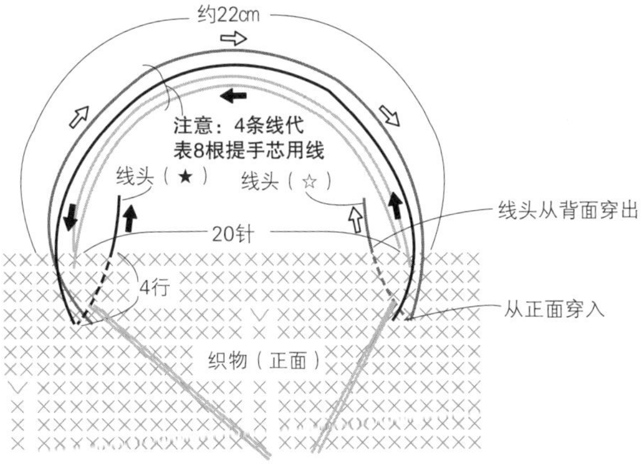

④再一次在图示位置，将线从正面穿入背面穿出。留出22cm的线圈，使用木夹固定（参照第29页），线头(★、☆)暂时留在背面。此时，整个线圈由8根线构成。以同样的方法完成另一侧的提手芯。

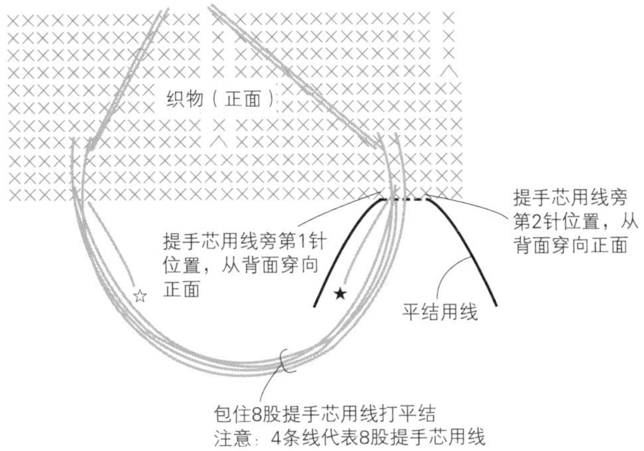

⑤织物上下调转，打出22cm左右的平结，包住提手芯用线。1根平结用线从织物右侧的背面向正面穿出。调整平结用线使左右长度一致，8股提手芯用线作为提手芯（不包括线头★和☆），打平结至提手另一端，每个结之间不要留下空隙（参照第29、36页）。

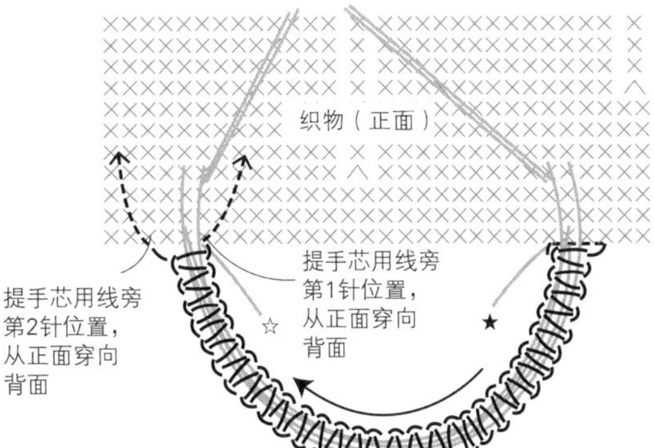

⑥打平结至提手另一端，线头穿过左侧织物。在背面分别将两侧线头（右侧2股提手芯用线线头★，左侧2股平结用线线头和2股提手芯用线线头☆共4股）打结，藏线头。以步骤⑤、⑥同样的方法，完成另一侧的提手。

※线头打结处涂上少许胶水固定，防止松脱。

Basic

no.4

风琴包 第 7 页／第 30 页的彩图讲解

●**线材** 马尼拉麻蕾丝线 粉红色（903）80g（4 团）、褐黄色（901）70g（4 团）

●**其他** 白色皮绳宽 0.6cm、长 75cm，皮革手缝蜡线白色适量

●**工具** 6/0 号钩针，毛衣缝针，锥子，手缝针

●**钩织密度** 短针 20.5针23行=10cm × 10cm

●**完成尺寸** 参照图示

〈钩织方法〉

用 3 股线钩织，颜色参照配色表。

底部、侧面的钩织图解同 no.1（第 34 页）。

1 钩织底部和侧面。线头绕成线环起针，底部钩 20 行短针，继续钩织侧面 39 行短针。

2 钩织袋口。完成步骤 **1** 后继续钩 4 行短针，穿皮绳位置使用锁针钩织。

3 制作提手。使用锥子在皮绳两端打孔。皮绳穿过袋口的指定位置，两端重合，使用皮革手缝蜡线缝合，形成圈状。

〈制图〉

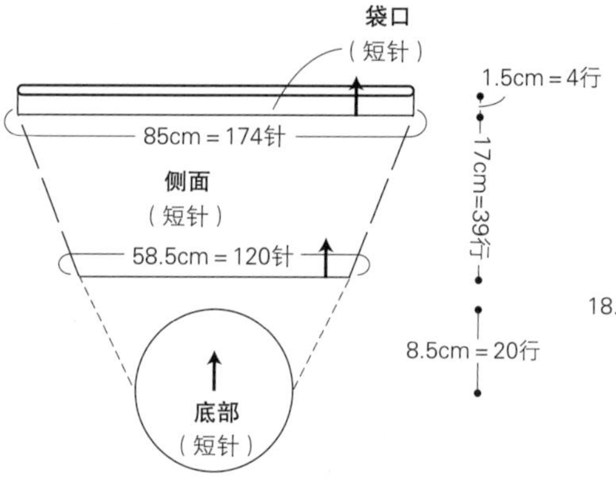

〈尺寸和完成方法〉

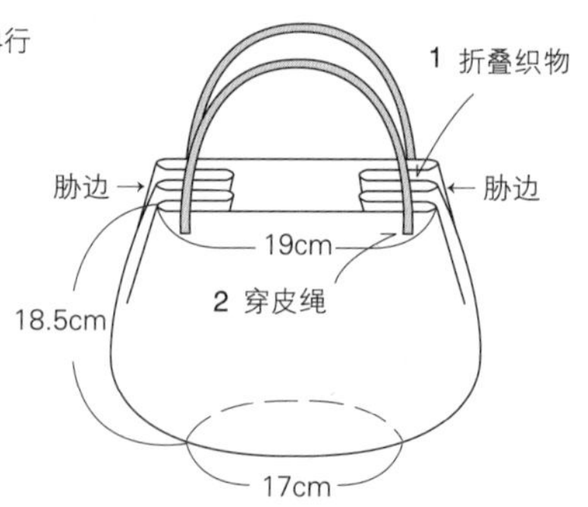

〈线材取用〉

a色…取用3股粉红色线

b色…取用3股线，2股粉红色，1股褐黄色线

c色…取用3股线，1股粉红色，2股褐黄色

d色…取用3股褐黄色

〈配色表〉

	行	色
袋口	4～1	a色
侧面	39～37	a色
	36～30	b色
	29～23	d色
	22～16	c色
	15～9	a色
	8～2	b色
	1	d色
底	20～15	d色
	14～8	c色
	7～1	a色

〈皮绳两端的缝合方法〉

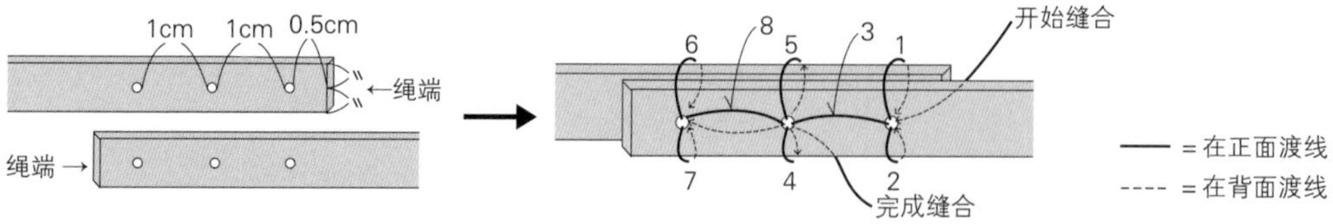

使用锥子在皮绳两端打孔，把皮绳穿过织物指定位置。

皮绳的两端重合，使用蜡线缝合（按照编号顺序）。线头在背面打结。缝合部分放在胁边不显眼的位置。

〈袋口钩织图解〉

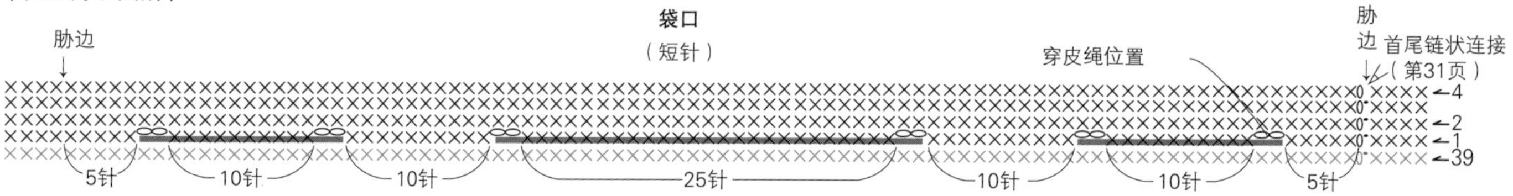

底部和侧面的钩织图解、针数及加减针参照第34、35页

▬ = 皮绳正面渡线

= 断线

kakuzoko

no.5

两用购物袋 第 8 页

●**线材** 马尼拉麻线 白色（500）90g（5 团）、深咖啡色（522）80g（4 团）、芥末黄色（521）20g（1 团）

●**其他** 扣子 直径 2cm 茶色 2 个，手缝线 茶色

●**工具** 7/0 号钩针，毛线缝针，手缝针

●**钩织密度** 长针 15针8行=10cm×10cm

短针 17针=10cm、3行=2cm

●**完成尺寸** 参照图示

〈钩织方法〉

用 1 股线按照指定配色钩织。

按照第 40、41 页钩织图解①～⑲的顺序钩织主体。

1 钩织左侧侧边。使用白色线，钩 40 针锁针起针（①），钩 4 行长针，暂不断线（②）。另取线，同样钩 40 针锁针起针（③），钩 4 行长针，继续钩 18 针锁针（④）后，与第一片引拔连接。

2 钩织侧面和底部。使用步骤 **1** 中留下的线，继续钩 2 行长针（⑤）。右侧使用深咖啡色线钩 15 针锁针起针（⑥），断线。左侧也使用深咖啡色线，钩 15 针锁针起针（⑦），继续使用指定颜色的线，连上步骤⑥的 15 针锁针，钩 16 行长针（⑧～⑩）。右侧使用深咖啡色线钩 15 针锁针起针（⑪），断线。左侧也使用深咖啡色线，钩 15 针锁针起针（⑫），继续钩 4 行长针，留出 40cm 线头。在⑬的位置加白色线，钩 2 行长针。

3 钩织右侧侧边。继续钩 4 行长针，暂时不断线（⑭）。另外加线（⑮），钩织另一边的 4 行长针。

4 缝合侧边。右侧 2 片侧边正面对齐，使用步骤 **3** 留下的线，钩织短针拼接（★）（⑯）。左侧侧边也同样使用白色线进行拼接（☆）（⑰）。

5 缝合底部与侧边。底部的针目和侧边的行正面对齐，使用白色线钩织短针拼接（◎、○、□、△）（⑱、⑲）。

6 缝合上侧。使用步骤 **2** 留下的线头用卷针缝缝合上侧（◆、◇）。

7 钩织提手。使用芥末黄色线，钩 8 针锁针，引拔第一针。继续钩 90 针锁针起针。再钩 8 针锁针，引拔这 8 针中的第一针。两端形成环状扣眼。继续钩 3 行短针。第 4 行钩织引拔针。在正面的指定位置缝合扣子。

8 安装提手。提手穿过步骤 **6** 完成的安装提手位置，扣子扣入两端的扣眼。

〈制图〉 主体

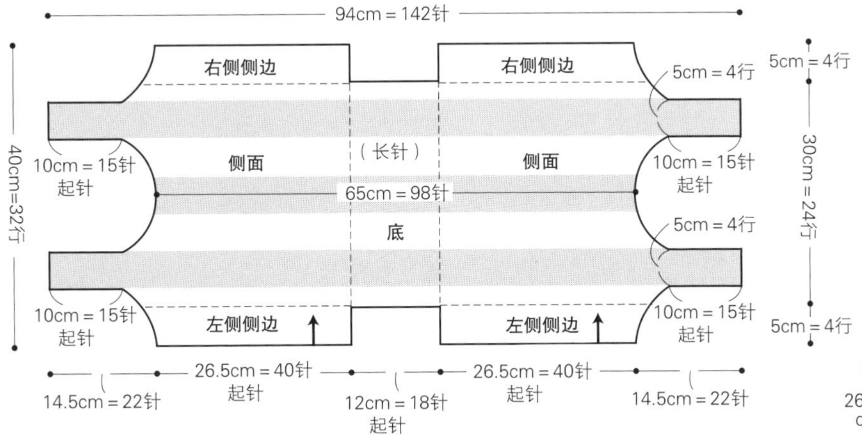

〈尺寸和完成方法〉

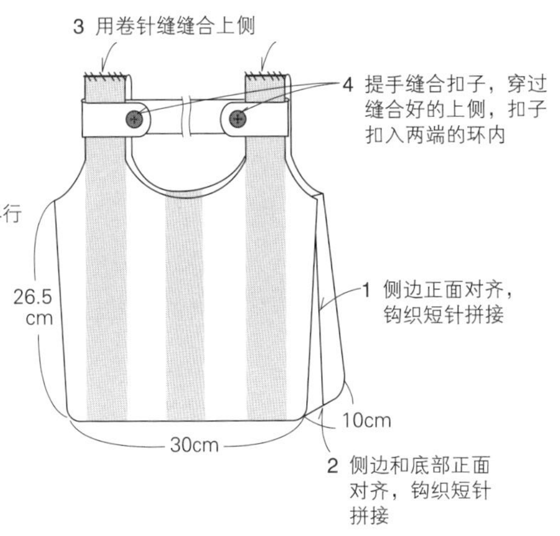

〈钩织图解〉

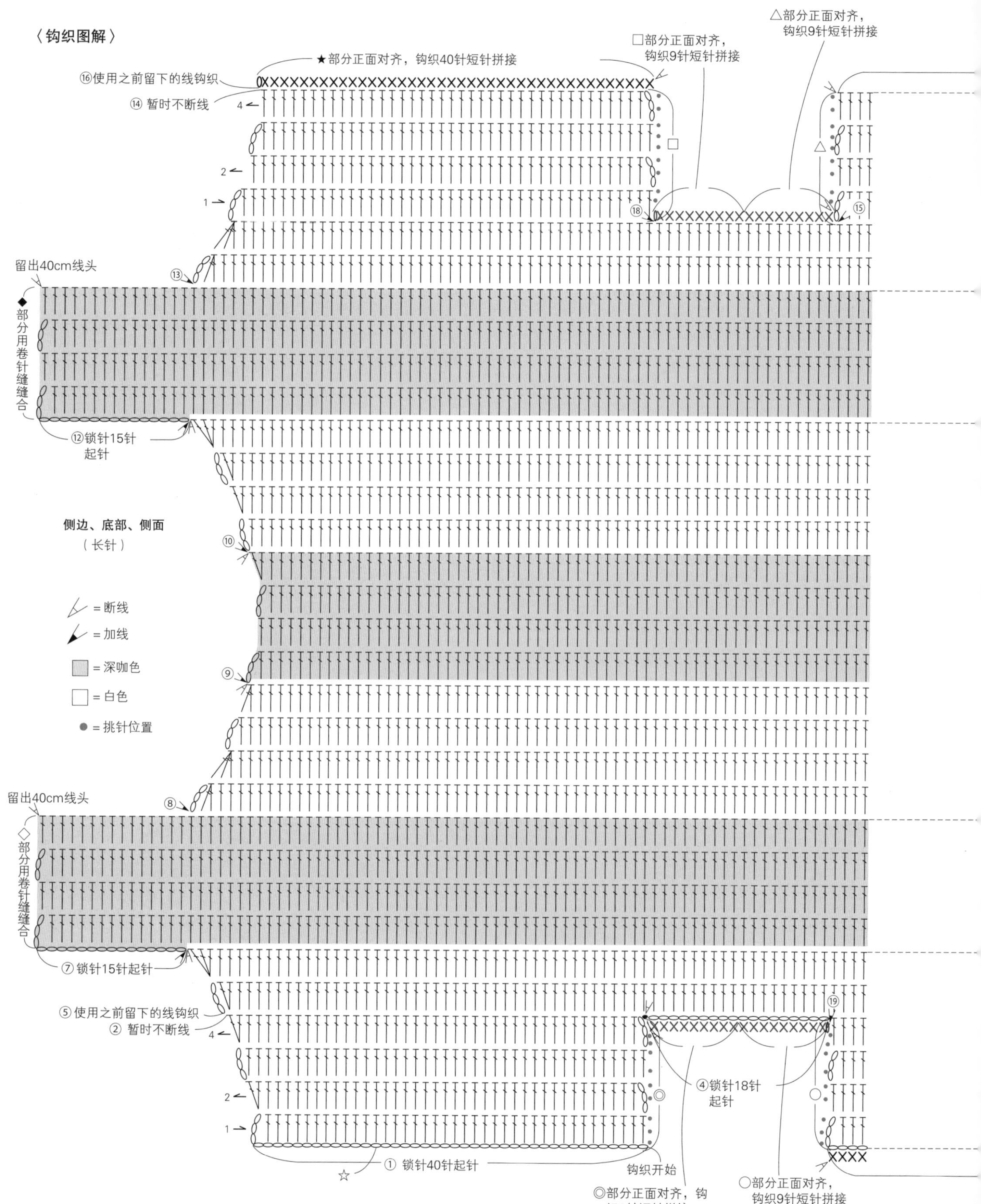
★部分正面对齐，钩织40针短针拼接
□部分正面对齐，钩织9针短针拼接
△部分正面对齐，钩织9针短针拼接
⑯使用之前留下的线钩织
⑭暂时不断线
4
2
1
□
△
⑱
⑮
⑬
留出40cm线头
◆部分用卷针缝缝合
⑫锁针15针起针
侧边、底部、侧面
（长针）
⑩
= 断线
= 加线
= 深咖色
= 白色
= 挑针位置
⑨
⑧
留出40cm线头
◇部分用卷针缝缝合
⑦锁针15针起针
⑤使用之前留下的线钩织
②暂时不断线
⑲
④锁针18针起针
◎
○
① 锁针40针起针
☆
钩织开始
◎部分正面对齐，钩织9针短针拼接
○部分正面对齐，钩织9针短针拼接

★
◆
◇
⑪锁针15针
起针
⑥锁针15针
起针
钩织开始
⑰
③锁针40针起针
☆部分正面对齐，钩织40针短针拼接
首尾链状连接
（第31页）
锁针8针（扣眼）
22针
锁针90针
提手
（短针）
钩织开始
锁针8针（扣眼）
=1针放2针短针
=断线
=缝合扣子位置

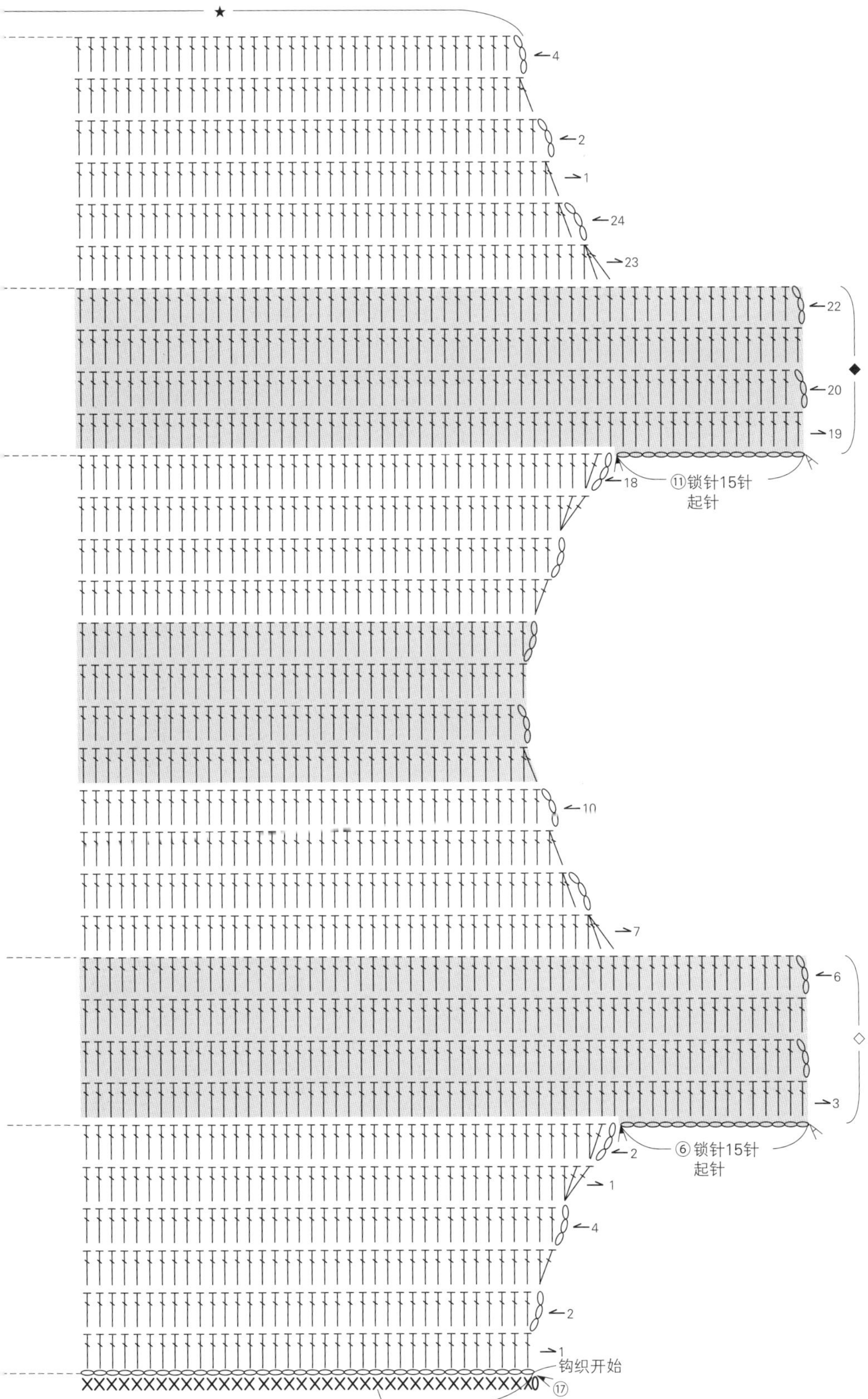

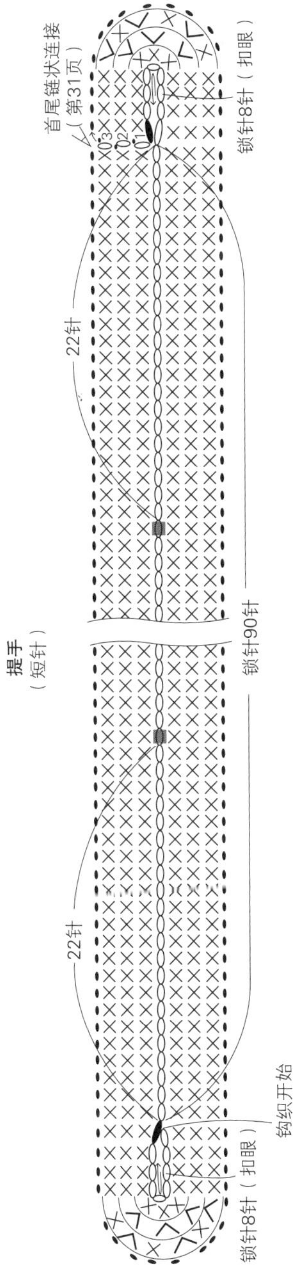

kakuzoko

no.6

六边形花样镂空包 第9页

- **线材** 仿树皮线 米黄色（651） 210g（7卷）
- **其他** 10cm×7cm皮革 薄款 黑色2片，皮革手缝蜡线 黑色 适量
- **工具** 7/0号钩针，毛线缝针，锥子，手缝针
- **钩织密度** 中长针、花样钩织 16.5针14行=10cm×10cm
  短针 16.5针17行=10cm×10cm
- **完成尺寸** 参照图示

〈钩织方法〉

用1股线钩织。

1 钩织底部。钩52针锁针起针，钩19行短针。

2 钩织侧面。从底部挑针，形成圈状，钩16行中长针。继续钩织花样15行，中长针13行。参照钩织图解位置钩23针锁针作为提手开口部分。最后钩织引拔针，提手部分（★）对折，2片一起钩织引拔针缝合。

3 使用锥子在皮革上打孔，使用皮革手缝蜡线缝合，包住提手部分。

〈制图〉

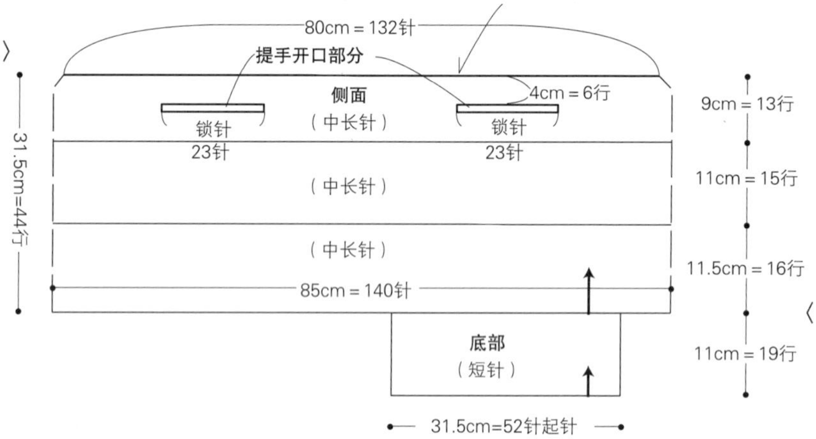

〈尺寸和完成方法〉

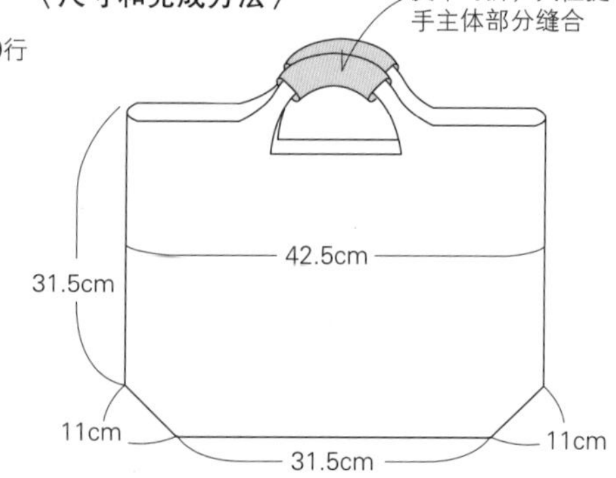

〈皮革打孔和缝合方法〉

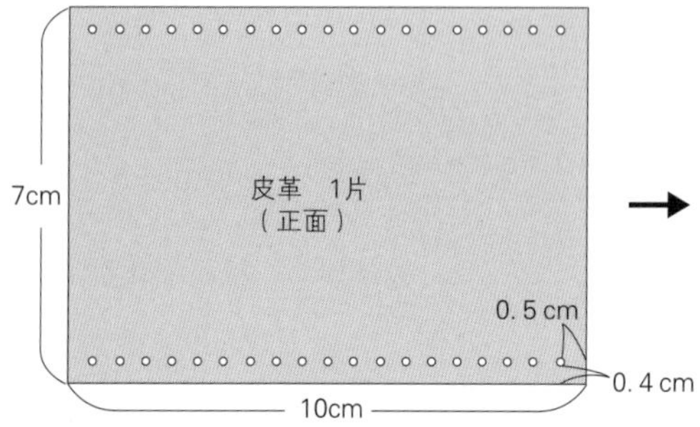

使用锥子，上、下各打19个孔

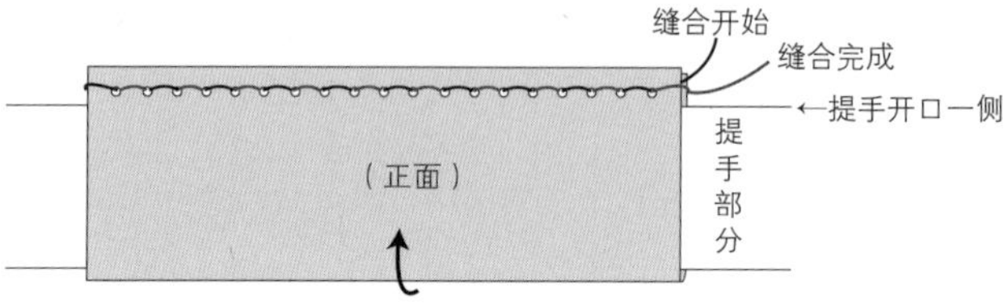

皮革对折，夹住提手主体部分
使用蜡线用平针缝往返缝合2股
线头一起打结

〈钩织图解〉

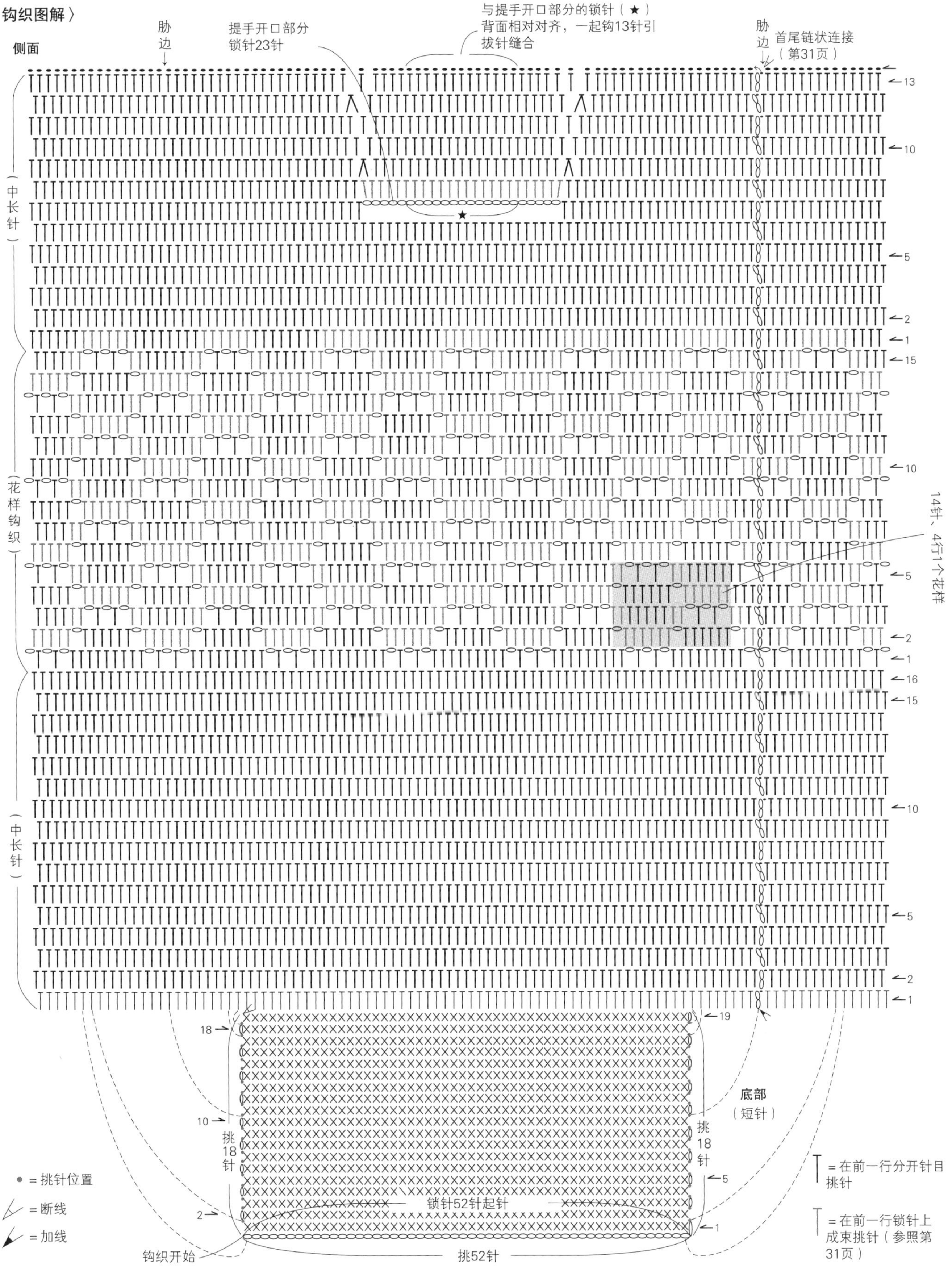
侧面
肋边
提手开口部分
锁针23针
与提手开口部分的锁针（★）
背面相对对齐，一起钩13针引
拔针缝合
肋边
首尾链状连接
（第31页）
★
13
10
5
2
1
15
10
5
2
1
16
15
10
5
2
1
中长针
花样钩织
中长针
14针、4行1个花样
19
18
10
2
5
1
挑18针
挑18针
底部
（短针）
锁针52针起针
钩织开始
挑52针
● = 挑针位置
= 断线
= 加线
= 在前一行分开针目挑针
= 在前一行锁针上成束挑针（参照第31页）

kakuzoko

no.7

手拿包 第10页

●**线材** 特制棉线 2mm 红色（1009）300g（6束）
●**其他** 装饰磁扣 金色（G1084）1组
●**工具** 8/0号钩针，毛线缝针，螺丝刀，钳子
●**钩织密度** 花样钩织 14针12行=10cm×10cm
●**完成尺寸** 参照图示

〈钩织方法〉

用 1 股线钩织。

1 钩织包盖、底部、侧面。钩织锁针 33 针起针，按照包盖、后侧面、底部、前侧面的顺序，钩织花样共 53 行。

2 钩织侧边。钩织锁针 7 针起针，钩织花样 18 行。以同样方法完成另一片。

3 组合包袋。底部与侧面的两边，分别和侧边三边背面相对对齐，边缘钩 1 行短针拼接。

4 在指定位置安装磁扣。

〈制图〉

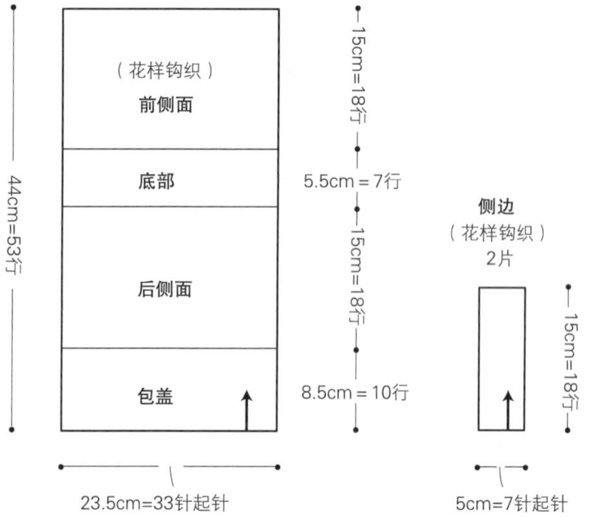

〈连接方法〉

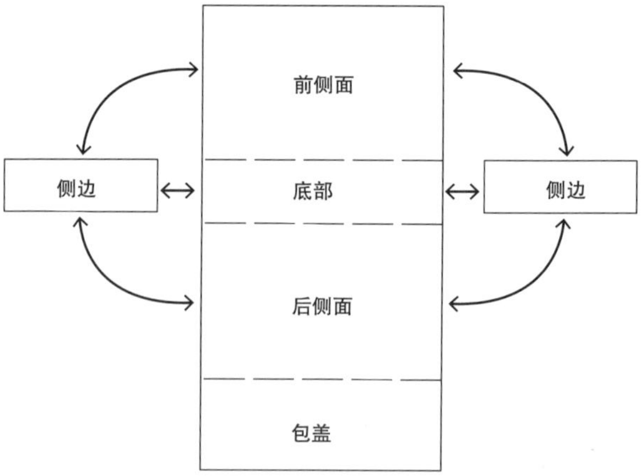

底部、前侧面、后侧面，分别和侧边相同标记处背面相对对齐，边缘钩织短针拼接。接着钩织包盖边缘一周

〈拼接方法〉

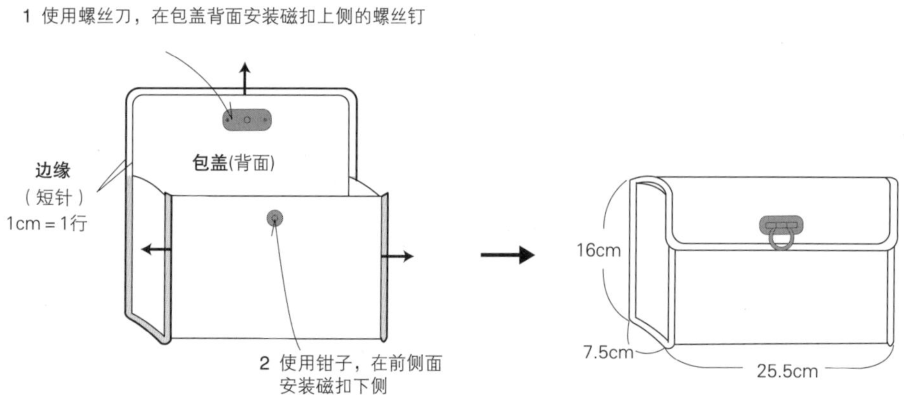

〈钩织图解〉

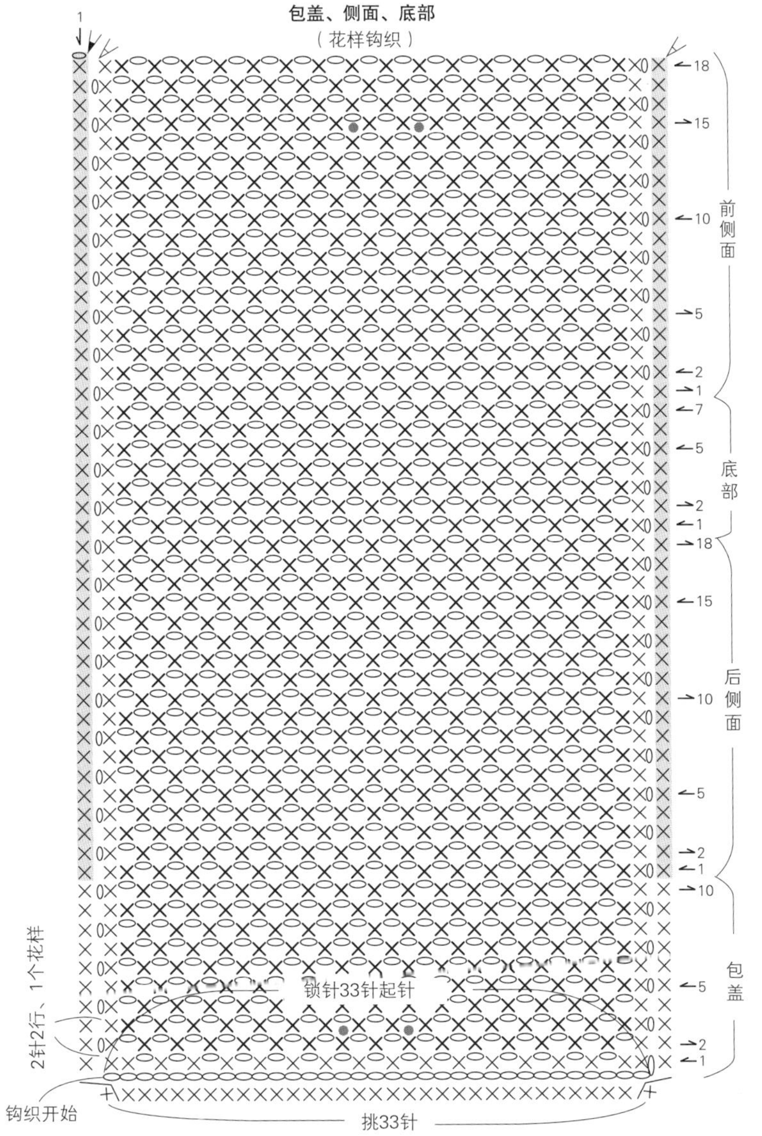

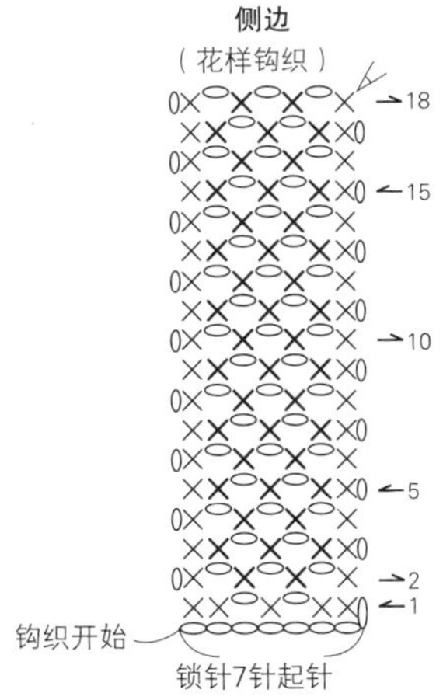

× = 在前一行锁针上成束挑针（参照第31页）

× = 侧边与侧面、底部背面相对对齐，钩织短针

● = 安装磁扣位置

= 断线

= 加线

〈接第 46 页 no.8 水杯袋 a、b 款 底筐钩织图解〉

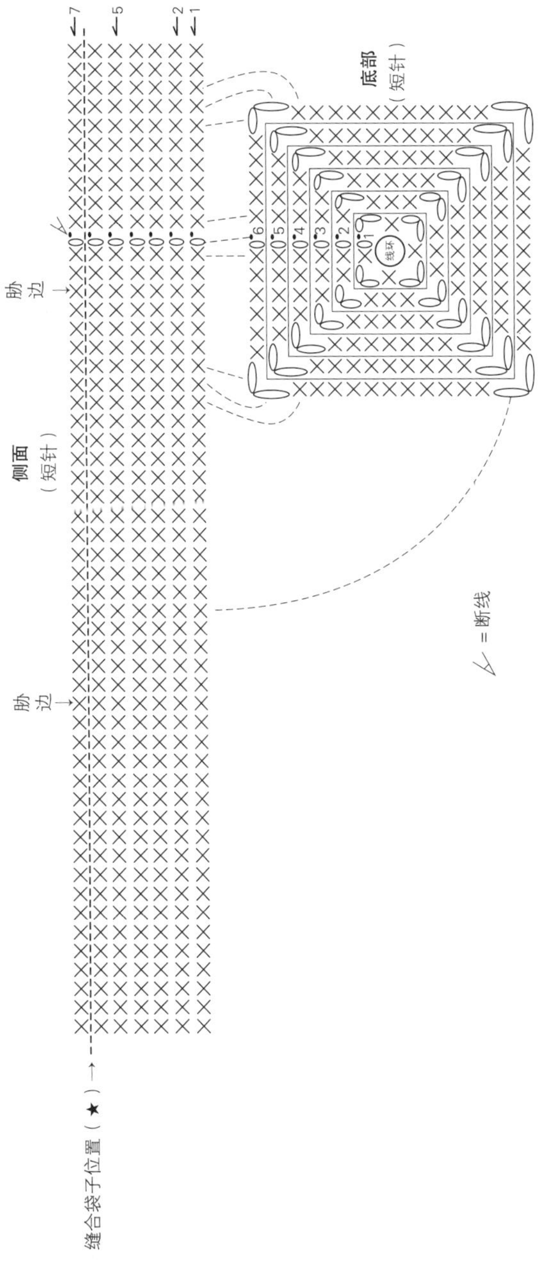

kakuzoko

no.8

水杯袋a、b款 第11页

●**线材** 风筝线 小卷 #30 45g（1团）

●**其他** a 圆点图案棉布（表布）20cm×33cm
原白色棉布（里布）20cm×31cm
b 花纹图样棉布（表布）24cm×33cm
原白色棉布（里布）24cm×31cm
机缝线

●**工具** 6/0号钩针，毛线缝针，缝纫机，穿绳器等

●**钩织密度** 短针 17.5针16行=10cm×10cm

●**完成尺寸** 参照图示

〈钩织方法〉

用1股线钩织。

1 钩织底筐。线头绕成线环起针，底部钩6行短针和锁针，侧面继续钩7行短针。

2 缝制布袋。分别缝合表布和里布。

3 重叠底筐和袋子，缝合。剪2股60cm的风筝线，穿过袋口的穿绳口，两端打结。

〈制图〉

底筐 钩织图解在第45页

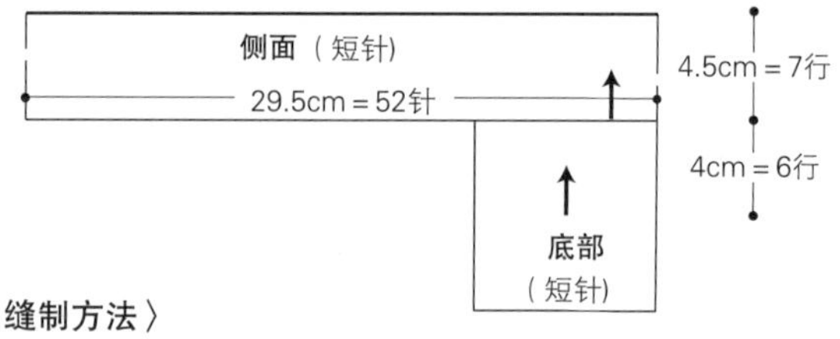

〈裁剪图示〉

布袋

< >内为a的尺寸
・箭头表示布纹方向
・全部留出1cm缝份后裁剪

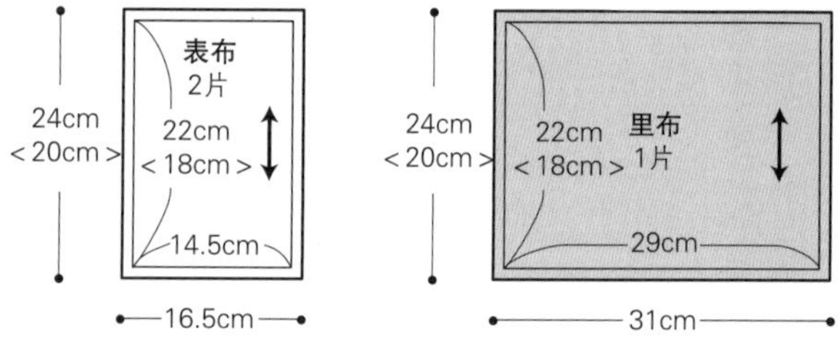

〈缝制方法〉

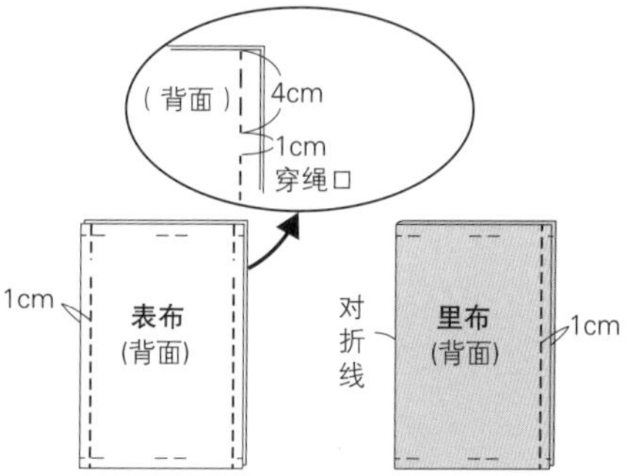

①2片表布正面相对对齐；里布对折，正面相对对齐，参考图示缝合。表布距上方边缘4cm处左右各留出1cm不缝，作为穿绳口。

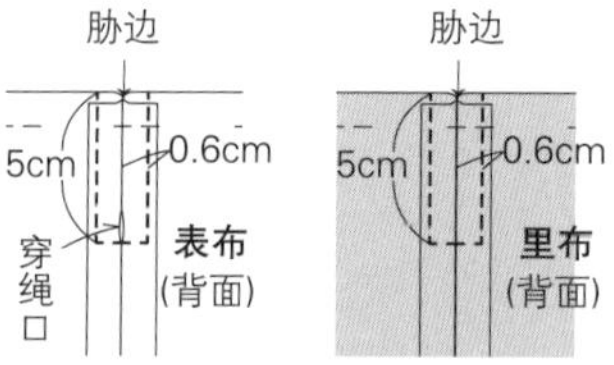

②打开缝份。参考图示缝合距上方边缘5cm的缝份。制作表布的穿绳口。

〈尺寸和完成方法〉

< >内为a的尺寸

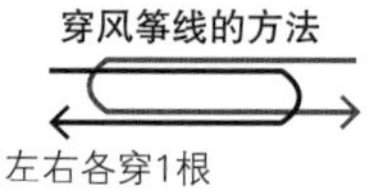

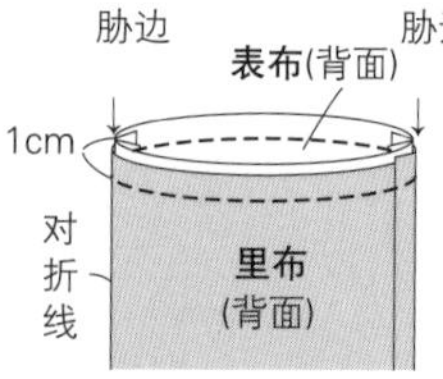

③表布和里布正面相对对齐，胁边对齐，距上方边缘1cm机缝一周。

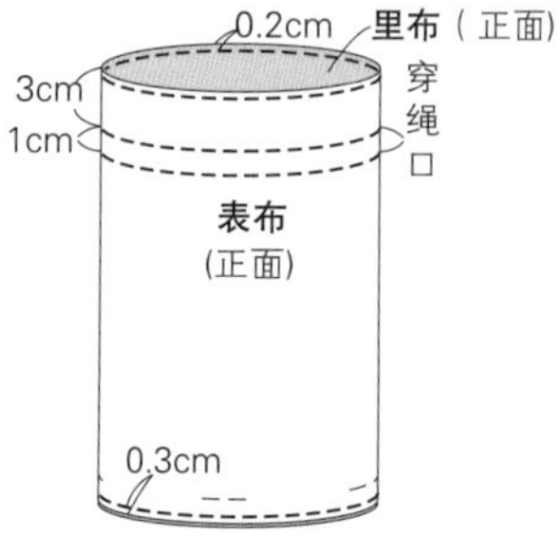

④翻回正面，机缝上方边缘和穿绳口。下方对齐表布和里布的边缘，缝合。

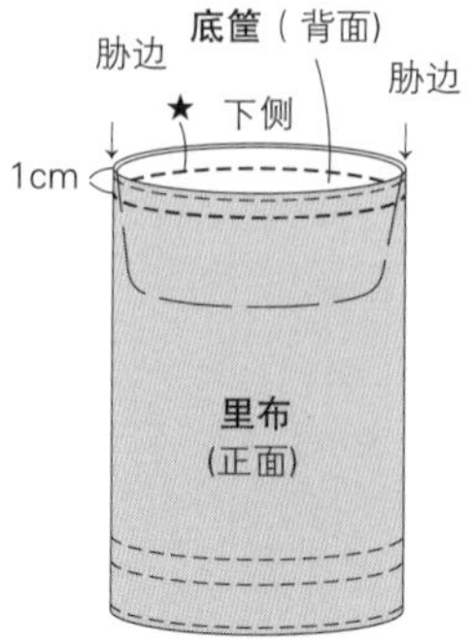

⑤把步骤④完成的布袋上下调转，里布翻到外面。对齐底筐和布袋的胁边，缝合。底筐缝制的是侧面第6、7行之间的部分（★）。

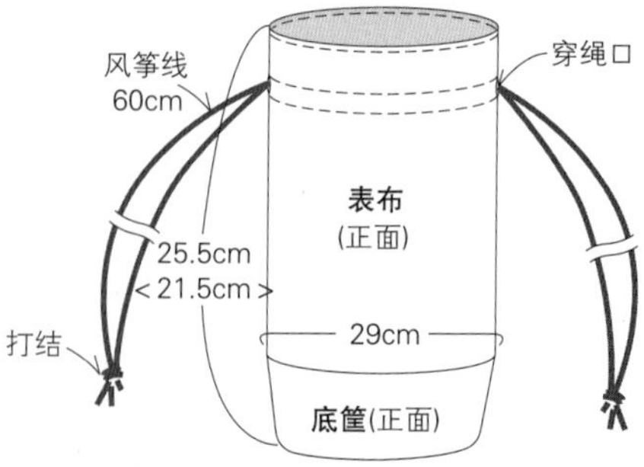

⑥表布翻到外面。参考图示在穿绳口穿过2根60cm的风筝线，2根线头一起打结。

➡转第45页

amikomi

no.9 经典格纹包 第 12 页

〈制图〉

钩织图解在第48页

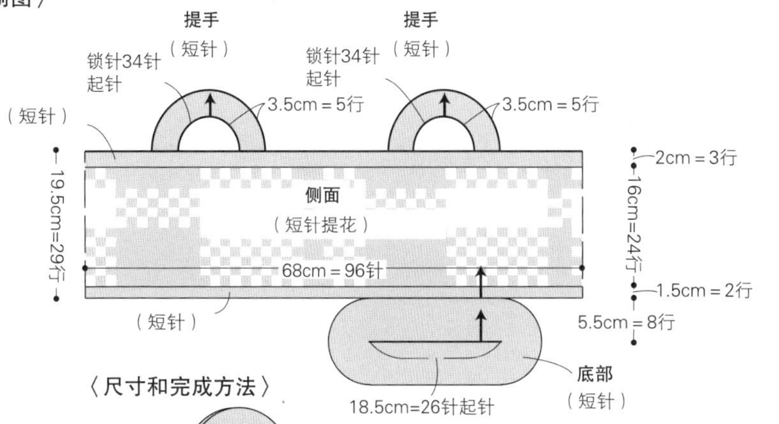

●**线材** 马尼拉麻线
黑色（510）100g（5团）、
白色（500）40g（2团）

●**工具** 8/0号钩针，毛线缝针

●**钩织密度** 短针提花花样（包线提花、往返钩织）、短针
14针15行=10cm×10cm

●**完成尺寸** 参照图示

〈钩织方法〉

用 1 股线钩织。按照指定配色，往返圈状钩织（第 71 页）。

1 钩织底部。使用黑色线，钩 26 针锁针作为起针，继续钩 8 行短针。

2 钩织侧面。从底部挑针，按照 2 行黑色短针、24 行短针提花（第 31 页 “包线提花”）、3 行黑色短针的顺序钩织。

3 钩织提手。使用黑色线，在指定位置钩 34 针锁针作为起针，继续钩 5 行短针，两端钩织引拔针。

〈尺寸和完成方法〉

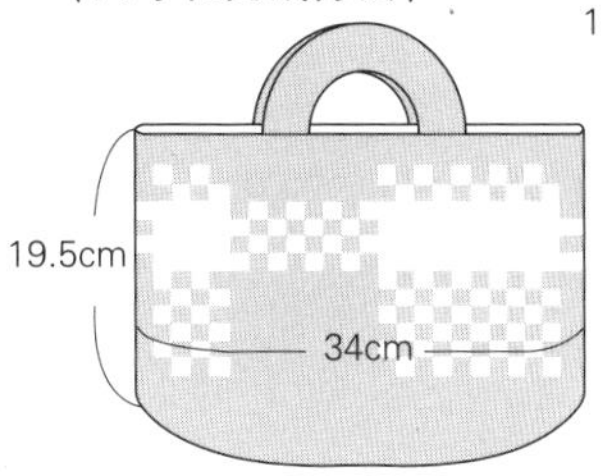

➡转第48页

amikomi

no.10 人字纹包 第 13 页

〈制图〉

钩织图解在第49页

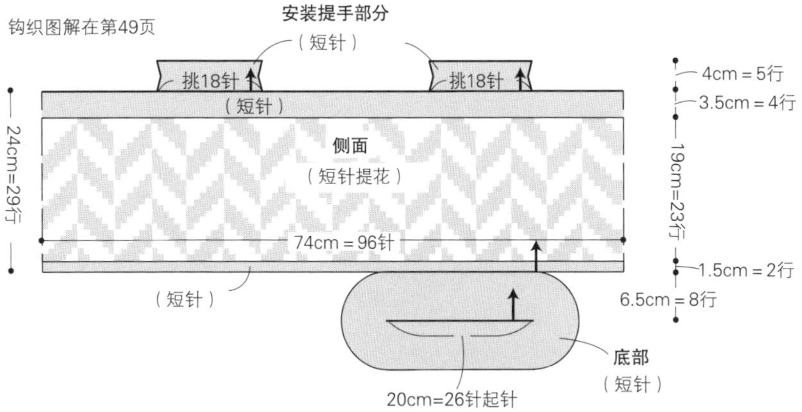

●**线材** 黄麻苎麻混纺线
蓝绿色（545） 260g（5团）
特制麻线 米色 170g（2团）

●**其他** 提手 木制 茶色（MA2183）1组

●**工具** 8/0号钩针，毛线缝针

●**钩织密度** 短针提花花样（包线提花、往返钩织）、短针 13针12行 =10cm×10cm

●**完成尺寸** 参照图示

〈钩织方法〉

用1股线钩织。按照指定配色，往返圈状钩织（第71页）。

1 钩织底部。使用蓝绿色线，钩26针锁针作为起针，继续钩8行短针。

2 钩织侧面。从底部挑针，按照2行蓝绿色短针、23行短针提花（第31页 “包线提花”）、4行蓝绿色短针的顺序钩织。

3 钩织安装提手部分。使用蓝绿色线，在侧面指定位置挑针，钩5行短针。

4 安装提手。向下对折步骤3完成的部分，包住木制提手。在里侧钩织引拔针缝合。

〈尺寸和完成方法〉

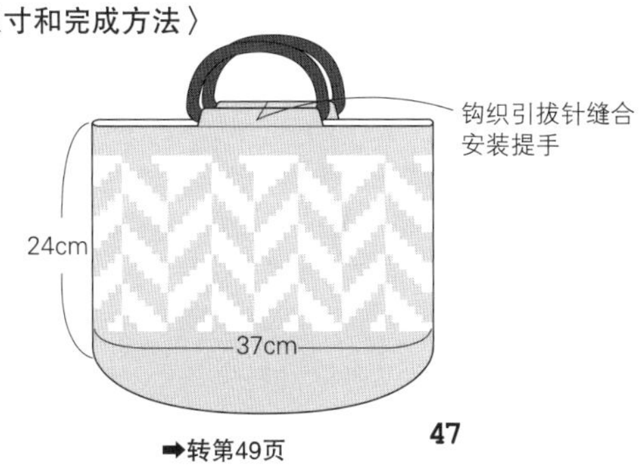

➡转第49页

〈接第 47 页 no.9
经典格纹包钩织图解〉

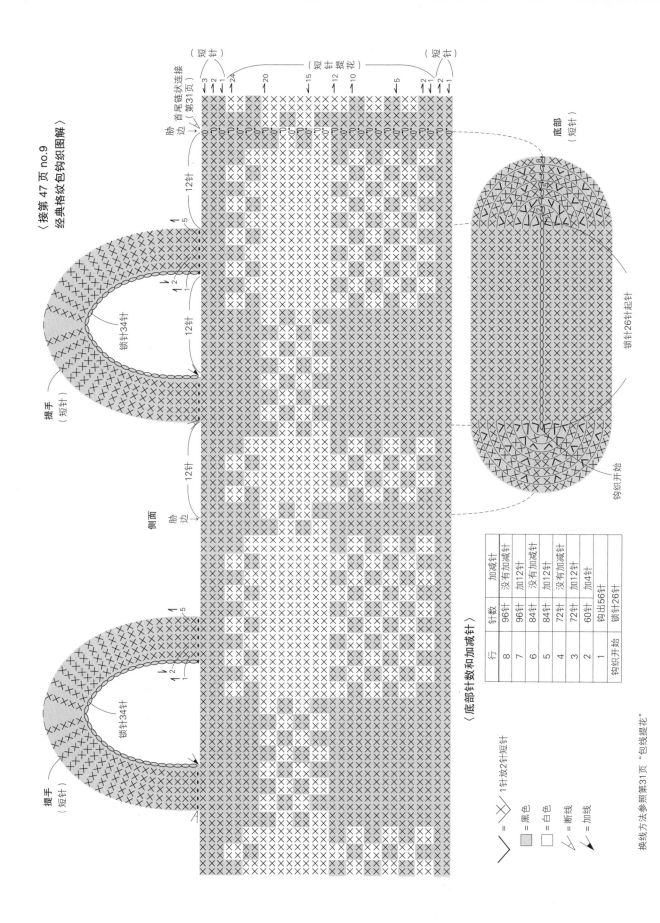

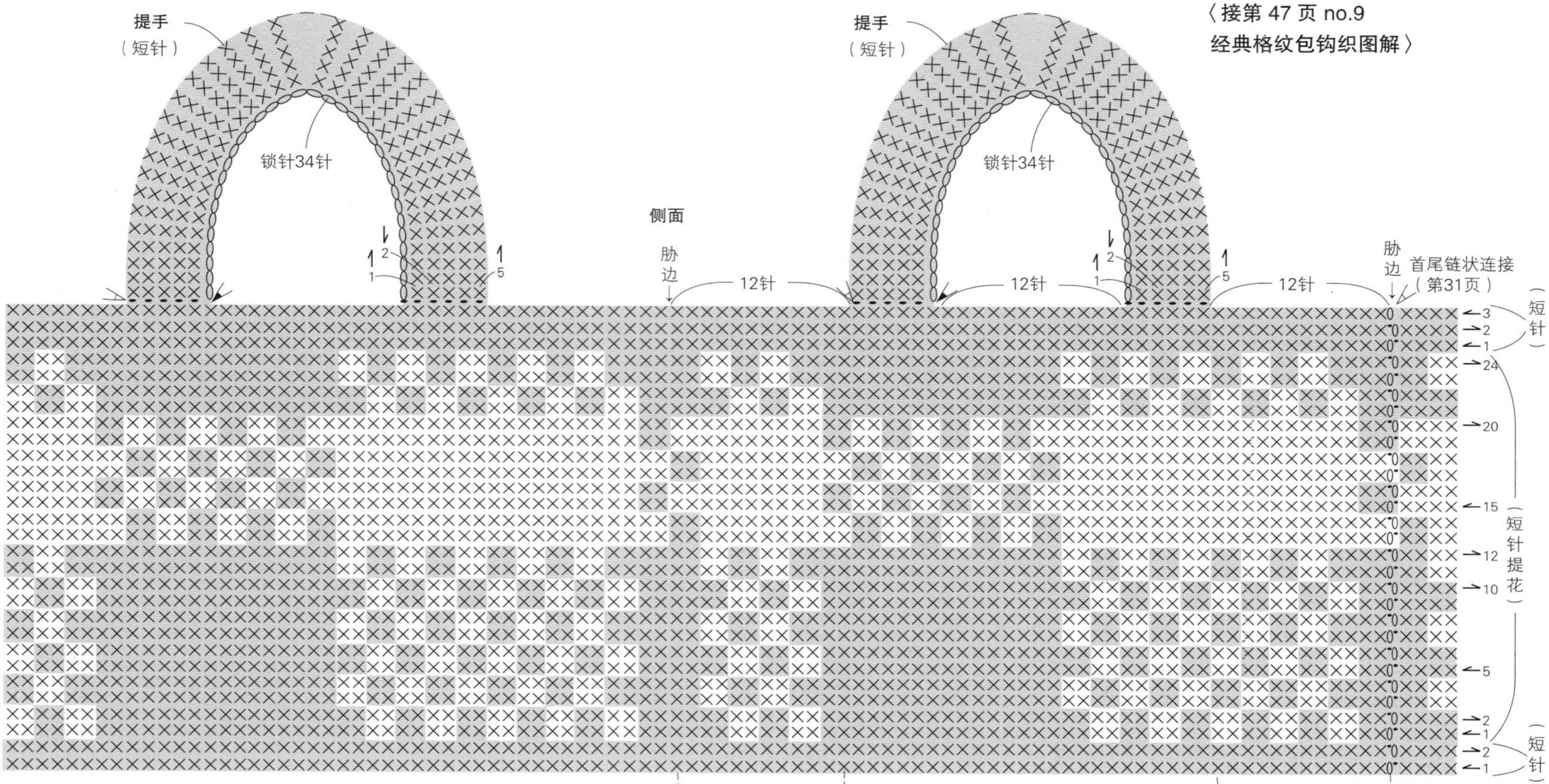

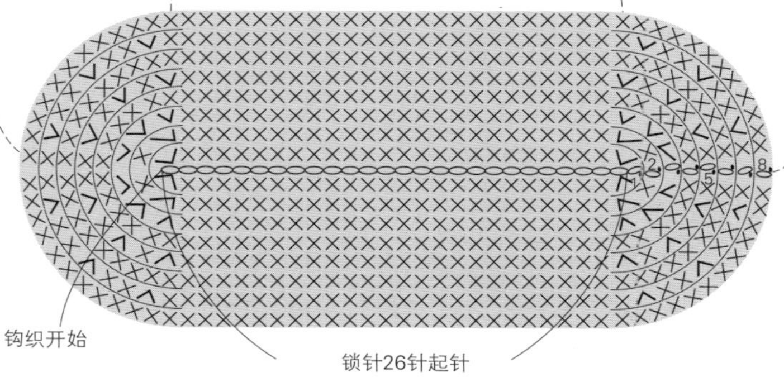

〈底部针数和加减针〉

行	针数	加减针
8	96针	没有加减针
7	96针	加12针
6	84针	没有加减针
5	84针	加12针
4	72针	没有加减针
3	72针	加12针
2	60针	加4针
1	钩出56针	
钩织开始	锁针26针	

= 1针放2针短针

= 黑色

= 白色

= 断线

= 加线

换线方法参照第31页“包线提花”

〈接第47页no.10人字纹包钩织图解〉

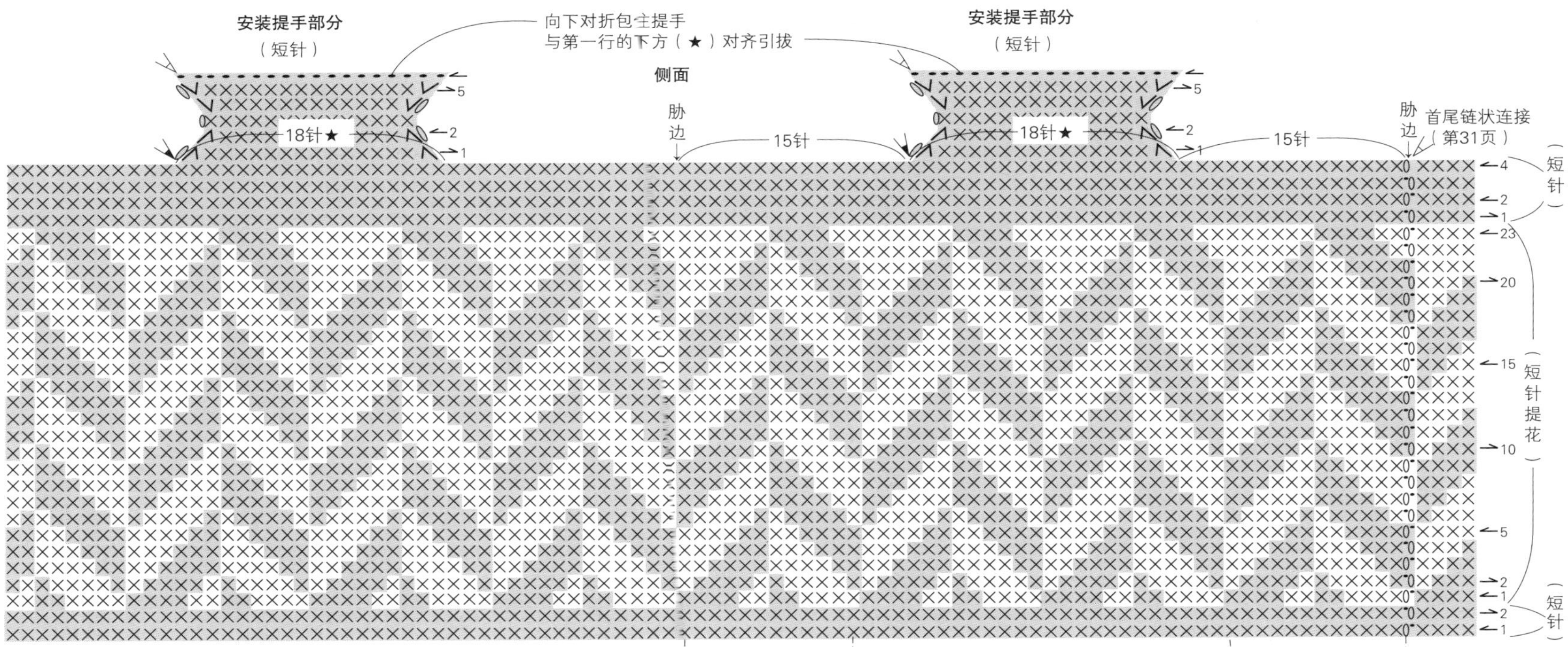

〈底部针数和加减针〉

行	针数	加减针
8	96针	没有加减针
7	96针	加12针
6	84针	没有加减针
5	84针	加12针
4	72针	没有加减针
3	72针	加12针
2	60针	加4针
1	钩出56针	
钩织开始	锁针26针	

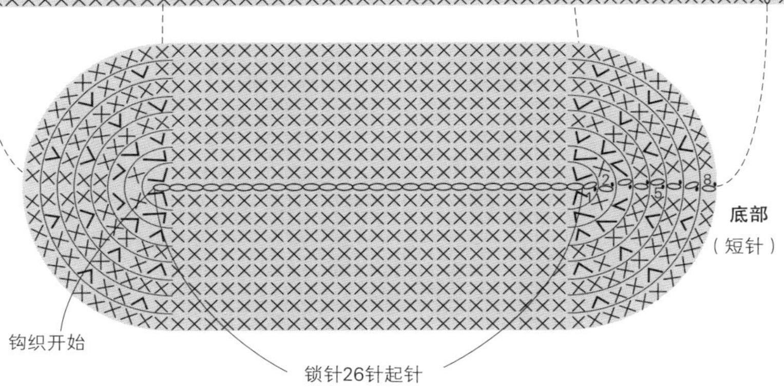

= 1针放2针短针

= 短针2针并1针

= 蓝绿色

= 米色

= 断线

= 加线

换线方法参照第31页“包线提花”

color work

no.11

彩色拼接托特包 第14页

●**线材** 黄麻苎麻混纺线 苔绿色（533）、土黄色（536）、橙色（538）、玫瑰红色（540）、紫红色（541）、紫色（542）、靛蓝色（544）、蓝绿色（545）、红色（553） 各50g（各1团）

●**其他** 2.5cm×33cm植鞣革 原色2片（提手）、2.5cm×2.5cm植鞣革 原色4片（加固），皮革手缝蜡线 米色 适量，胶水

●**工具** 8/0号钩针，毛线缝针，锥子，手缝针

●**钩织密度** 短针 12针13行=10cm×10cm

●**完成尺寸** 参照图示

〈钩织方法〉

用1股线钩织。按照指定配色，侧面往返圈状钩织（第71页）。

1 钩织底部。使用土黄色线，钩36针锁针作为起针，继续钩13行短针，按照图示换线，每次换线都要断线。

2 钩织侧面。从底部挑针，钩30行短针。

3 安装提手。使用锥子，在提手用皮革和加固皮革上打孔，用皮革夹住袋口侧面的指定位置，使用蜡线缝合。

〈制图〉

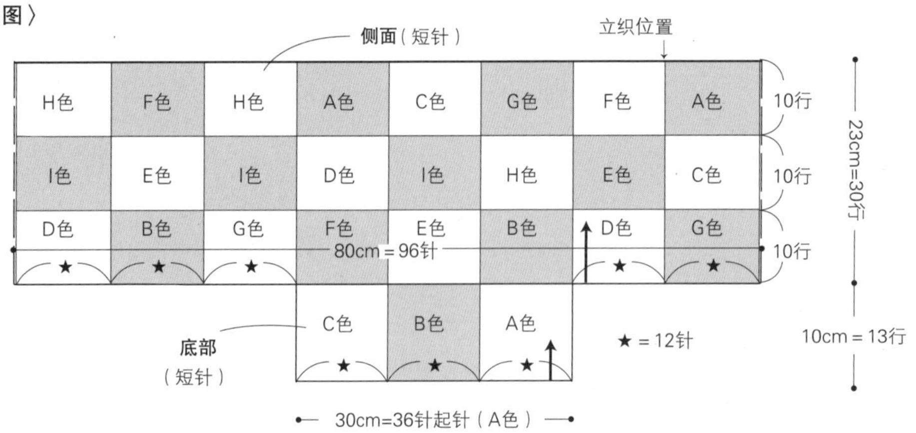

〈配色〉

A色…土黄色
B色…靛蓝色
C色…橙色
D色…紫色
E色…蓝绿色
F色…苔绿色
G色…红色
H色…玫瑰红色
I色…紫红色

〈安装提手方法〉

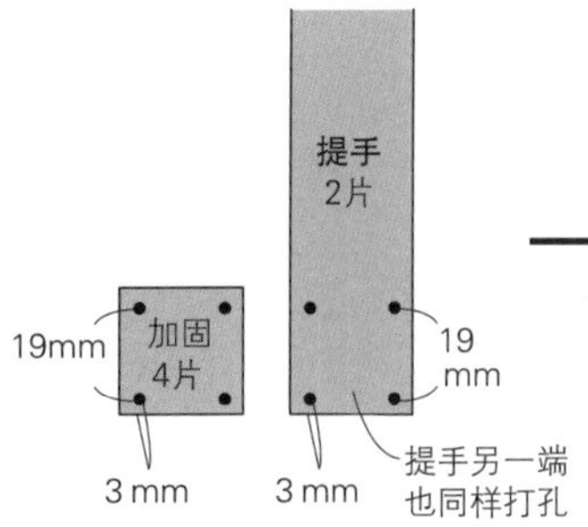

使用锥子在提手和
加固皮革上打孔

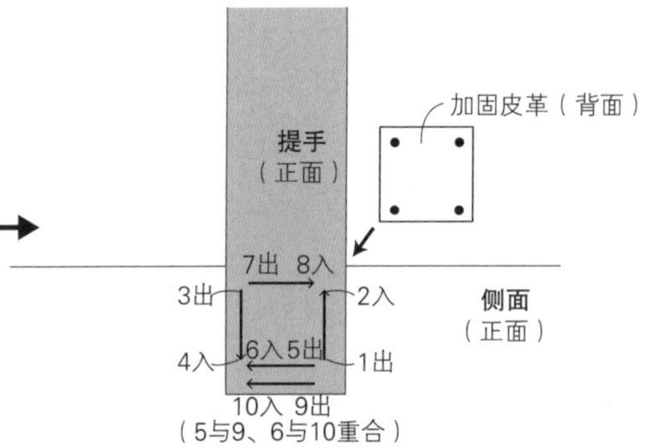

提手和加固皮革背面相对，夹住包袋侧面，
使用蜡线，通过打好的孔缝合。
线头在背面打结。结头涂上胶水固定。

〈尺寸和完成方法〉

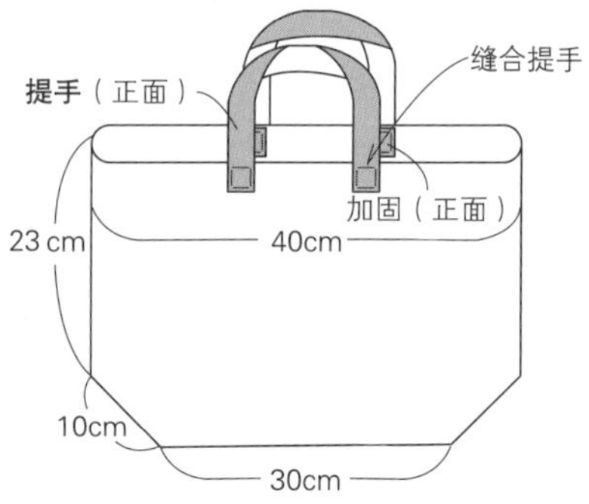

〈尺寸和完成方法〉

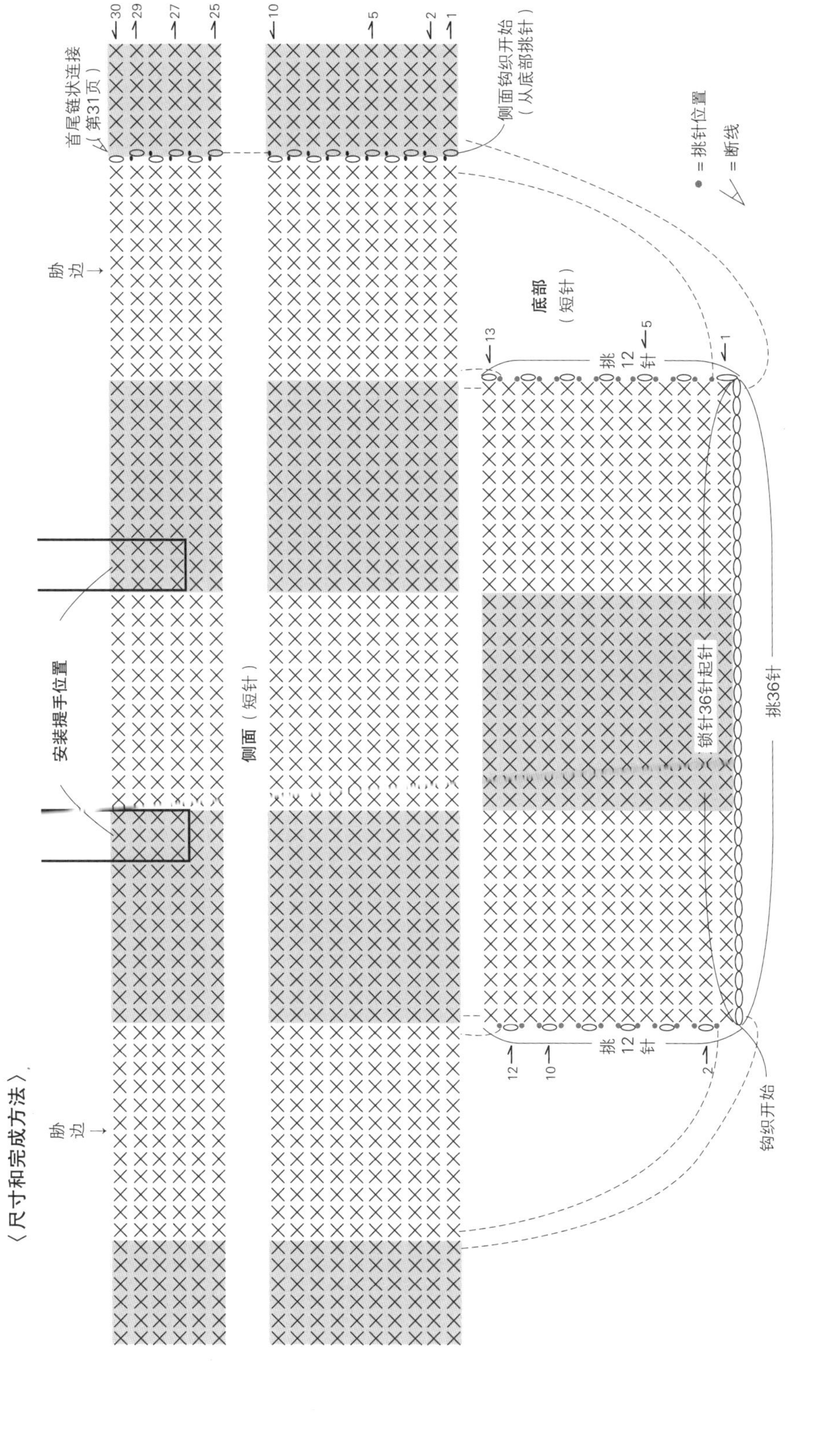
首尾链状连接
（第31页）
侧面钩织开始
（从底部挑针）
● = 挑针位置
= 断线
胁边
底部
（短针）
挑12针
锁针36针起针
挑36针
安装提手位置
侧面（短针）
钩织开始

〈更换配色线方法〉

不使用包线提花的方法
进行往返钩织

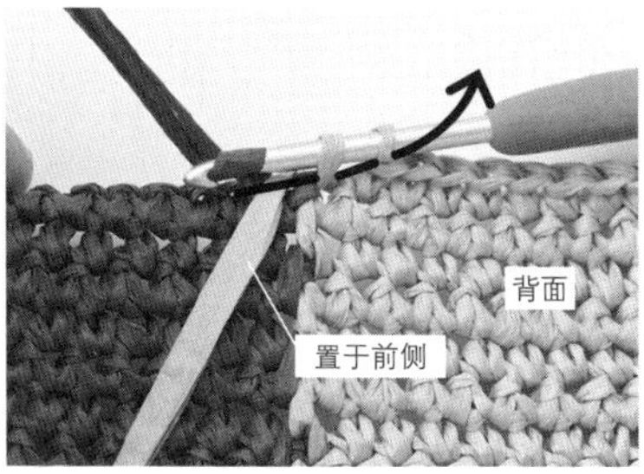
背面
置于前侧

1 在背面钩织时，钩织换线前未完成的1针短针，前色线置于前侧，沿箭头方向引拔新色线。

背面

2 完成换线，纵向渡线（★）。

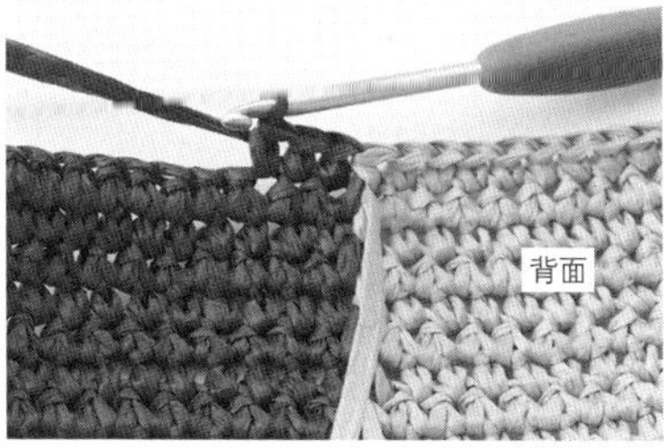
背面

3 前色线始终置于前侧，继续钩织。

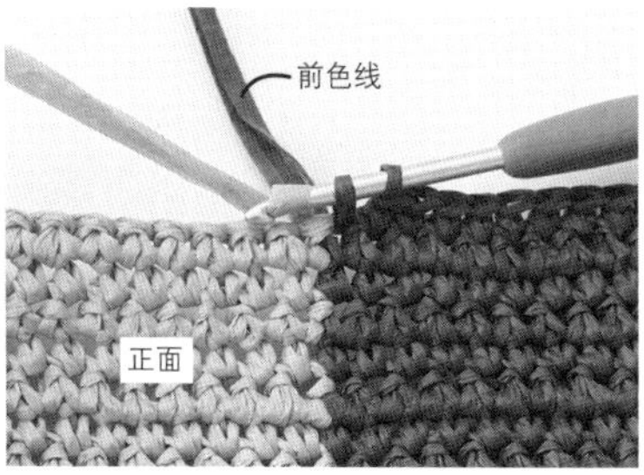
前色线
正面

4 在正面钩织时，前色线置于后侧。渡线全部在织物背面完成，织物正面干净整洁。

color work

no.12

多彩线条网兜包 第 15 页

- **线材** 棉纱绳 细 米色（212）90g（3 束），浅蓝色（208）、黄色（213）、黄绿色（214）、橙红色（217）各 30g（各 1 束）
- **工具** 8/0 号钩针，毛线缝针
- **钩织密度** 网状钩织 2个花样（24针）=15cm、5行=10cm
- **完成尺寸** 参照图示

〈钩织方法〉

用 1 股线按照指定配色钩织。按照钩织图解①～⑦的顺序钩织。

1 钩织提手。使用米色线，钩 13 针锁针作为起针，钩 1 行短针（①）。继续钩 30 针锁针，在第一行的立织针目处引拔，暂时不断线（②）。按照同样的方法，钩织另一片提手，完成后断线（③）。

2 钩织侧面。使用米色线，在提手的起针位置，钩 96 针锁针作为起针。在另一片提手的起针位置引拔，连接两片提手。以同样的方法，按照配色表换线，钩织锁针和引拔针，从另一侧连接两片提手（④）。留意钩织图解中换线的位置，使用了不同颜色来进行标记。

3 收缩侧面。使用米色线，分别在侧面上下两侧钩织 8 针引拔针，收缩两侧（⑤、⑥），作为袋口。

4 继续钩织提手和袋口。使用步骤 **1** 中留下的钩织提手的线，在提手和侧面的袋口钩 1 行短针（⑦）。

〈制图〉

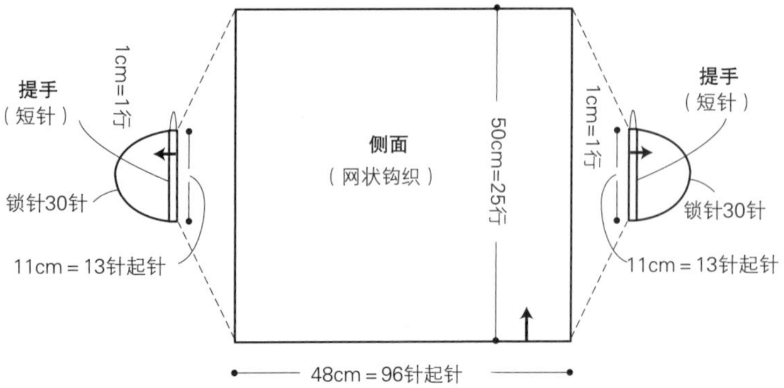

〈钩织图解〉

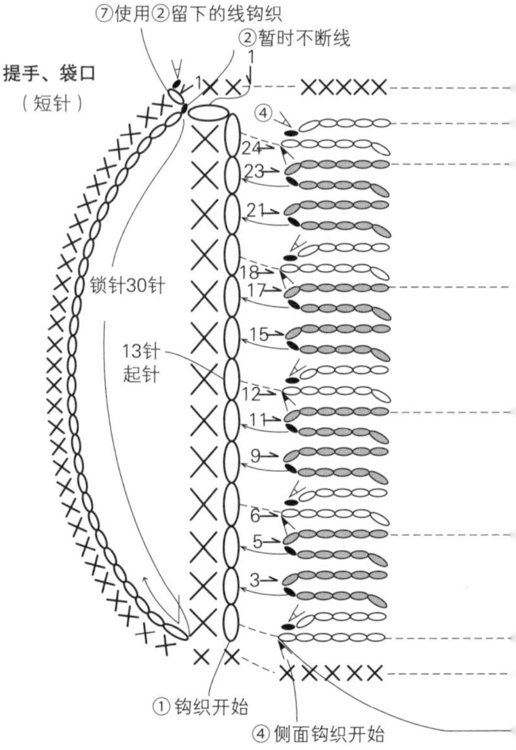

〈尺寸和完成方法〉

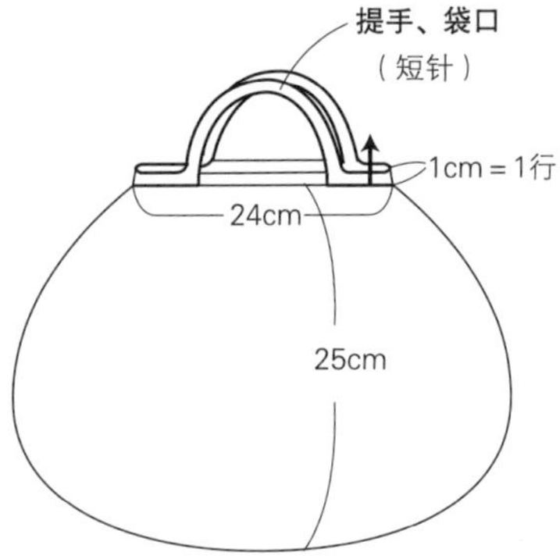

〈侧面配色表〉

行	色
24、25	米色
20~23	浅蓝色
18、19	米色
14~17	黄绿色
12、13	米色
8~11	黄色
6、7	米色
2~5	橙红色
起针、1	米色

〈接第 54 页 no.13 荷叶边手拎包　下层、中间荷叶边钩织图解〉

〈下层、中间荷叶边的针数和加减针〉

行	针数	加减针
10	160针	加20针
9	140针	加20针
8	120针	加20针
7	100针	没有加减针
6	100针	加20针
5	80针	没有加减针
4	80针	加20针
3	60针	没有加减针
2	60针	加20针
1	40针	没有加减针
起针	40针	

下层、中间荷叶边　各1片

（长针）

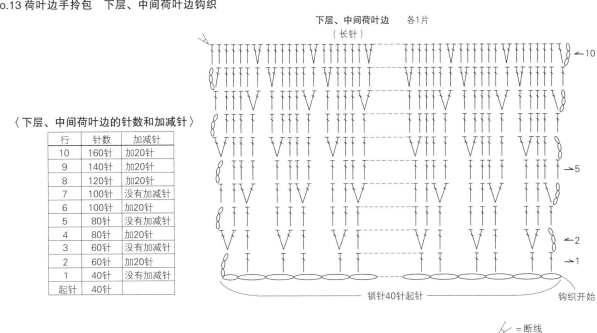

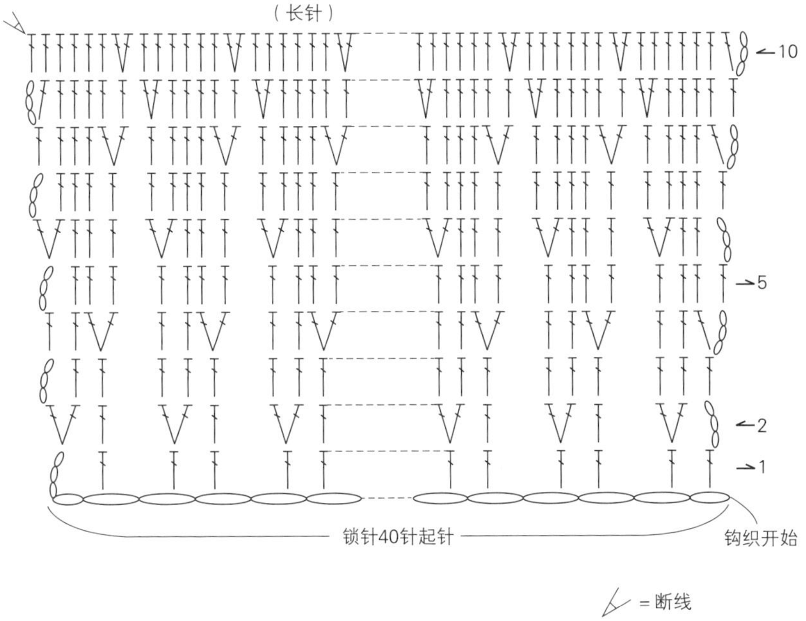

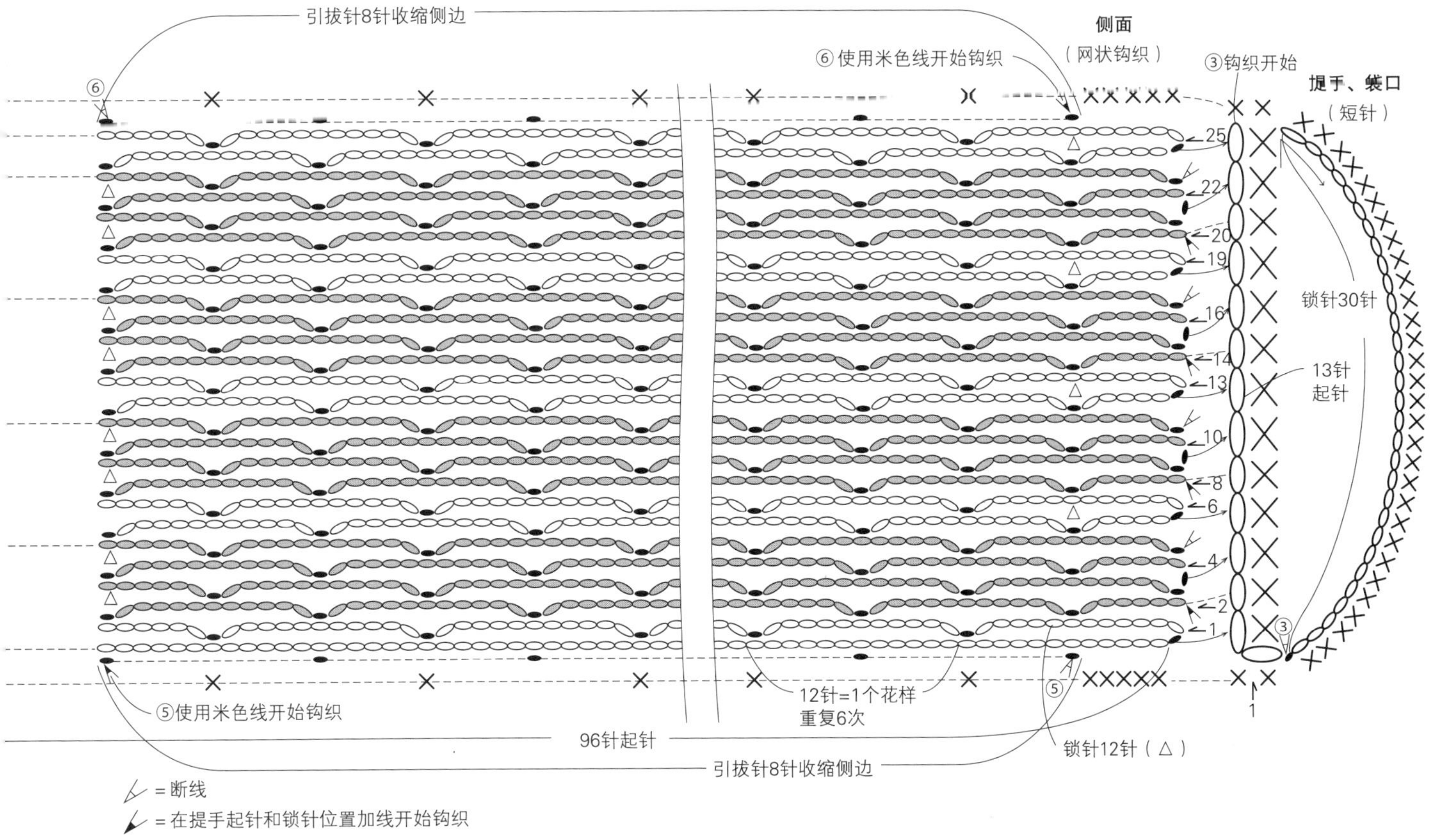

feminine

no.13

荷叶边手拎包 第16页

- **线材** 马尼拉麻蕾丝线 淡蓝色（905）160g（8团）
- **其他** 提手 木制 茶色（MA2181）1组
- **工具** 6/0号钩针，毛线缝针
- **钩织密度** 长针 18针9行=10cm×10cm
- **完成尺寸** 参照图示

〈钩织方法〉

用3股线钩织。 准备12根50cm长的蕾丝线，每3根一组，共4组（作为别线），用于在侧面固定荷叶边。

1 钩织荷叶边。下层和中间的荷叶边各钩40针锁针起针，再钩10行长针。

2 钩织侧面。钩40针锁针起针，圈状钩9行长针，暂时不断线。在前侧面的指定位置，使用别线，钩织引拔针，固定下层荷叶边的起针一侧。继续圈状钩织至第15行。

3 钩织前侧袋口。继续步骤**2**，往返钩4行长针，暂时不断线。使用别线，以步骤**2**同样的方法，固定中间荷叶边，继续往返钩织至第4行。

4 钩织前侧提手连接部分。继续步骤**3**，往返钩5行长针和短针。

5 在后侧面上往返钩4行袋口，5行提手连接部分。这里不用固定荷叶边。

6 安装后侧提手。提手连接部分折向正面，包住提手，对齐后侧袋口第4行的针目，使用别线，在正面以引拔针缝合。

7 钩织前侧上层的荷叶边。继续步骤**4**，往返钩2行长针，暂时不断线。对折前侧提手连接部分，包住提手，使用别线在正面以引拔针缝合。继续钩织长针至第7行，完成上层荷叶边。

〈制图〉

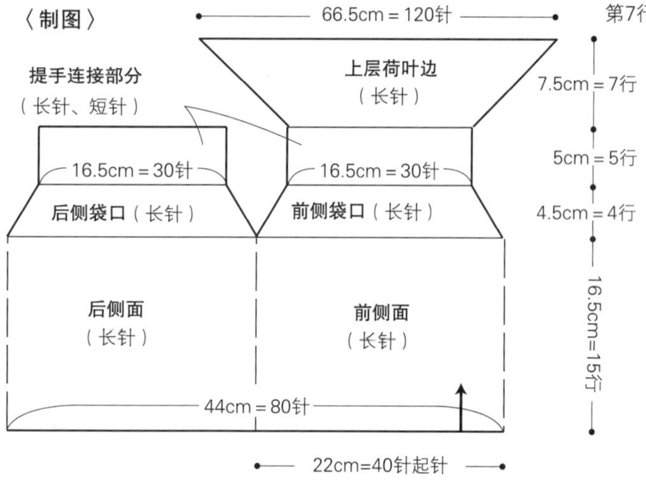

※钩织前侧面的同时，使用别线引拔起针针目，固定下层和中间的荷叶边。固定时把荷叶边位置上下调转，短边置于上方。

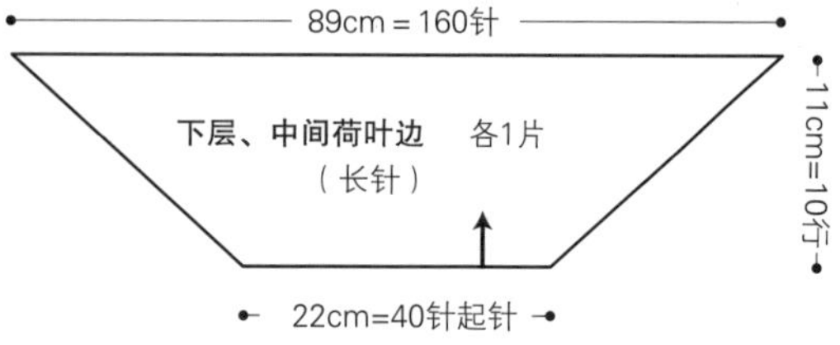

下层和中间荷叶边的钩织图解见第53页

〈尺寸和完成方法〉

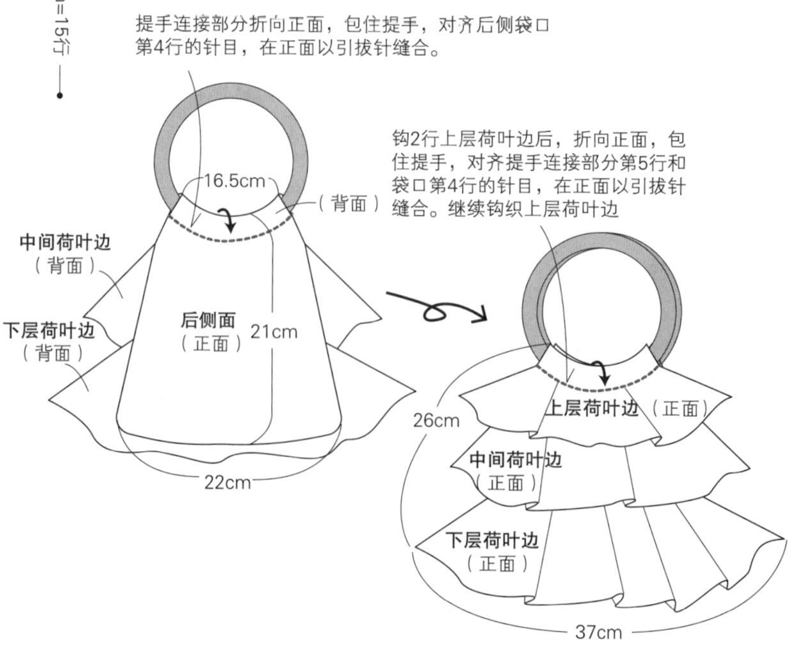

➡转第53页

〈钩织图解〉

〈上层荷叶边的针数和加减针〉

行	针数	加减针
7	120针	加15针
6	105针	加15针
5	90针	加15针
4	75针	加15针
3	60针	加15针
2	45针	加15针
1	30针	没有加减针

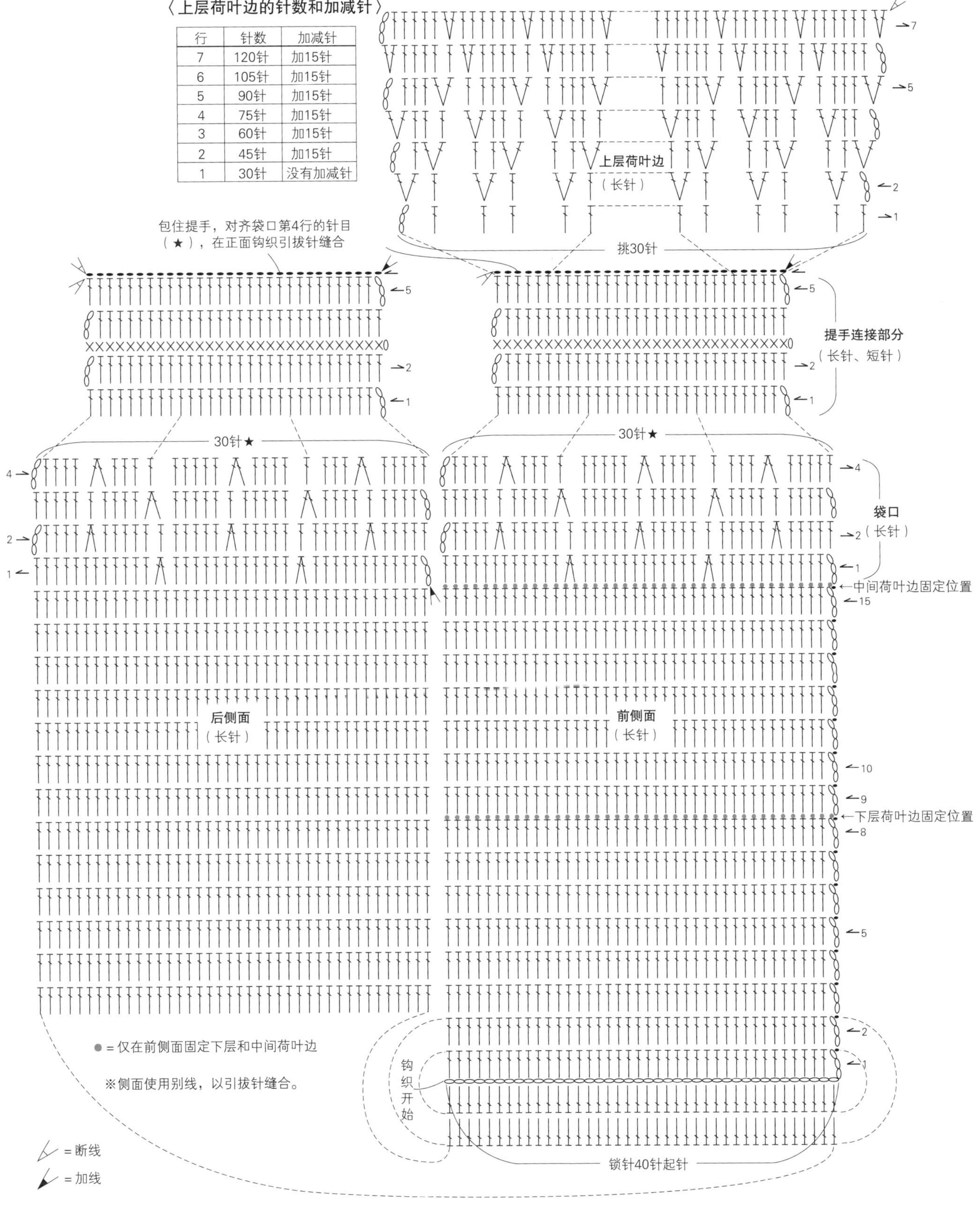

feminine

no.14

荷叶边口金包 第 17 页

- **线材** 仿树皮线 古董金色（658）90g（3 卷）
- **其他** 口金 宽 25cm、高 9cm 古董金色 1 个，10 号纸绳
- **工具** 7/0 号钩针，毛线缝针，钳子，锥子，胶水
- **钩织密度** 短针 17针17行=10cm × 10cm
  长针 17针=10cm、5行=6.5cm
- **完成尺寸** 参照图示

〈钩织方法〉

用 1 股线钩织。

准备3根180cm长的仿树皮线（作为别线），用于侧面固定荷叶边。

1 钩织荷叶边。钩织锁针起针，下层荷叶边 54 针，中间荷叶边 48 针，上层荷叶边 40 针，各钩 5 行长针。

2 钩织前侧面。锁针 40 针起针，钩 28 行短针。完成第 12 行后暂时不断线，使用别线，对齐第 11 行的短针针目，引拔固定下层荷叶边。继续钩完第 21 行后，以同样的方法，对齐第 20 行的短针针目，引拔固定中间荷叶边。完成第 28 行后对齐短针针目，引拔固定上层荷叶边。

3 钩织前侧面边缘。继续接着步骤 **2**，在袋口和左侧侧边钩 1 行短针（①）。加线钩织右侧侧边（②）。

4 钩织后侧面。以步骤 **2** 同样方法钩织，这里不用固定荷叶边。

5 钩织后侧面边缘。以步骤 **3** 同样方法钩织，留出 15cm 线头。

6 组合包袋。两片侧面背面相对对齐，前侧面朝前，钩织短针拼接下侧（③）。使用步骤 **5** 留出的线头，缝合两端的短针针目。

7 安装口金。把袋口均匀地塞入口金槽，使用锥子塞入纸绳，涂上胶水。再用钳子从外侧将口金夹紧。

〈制图〉

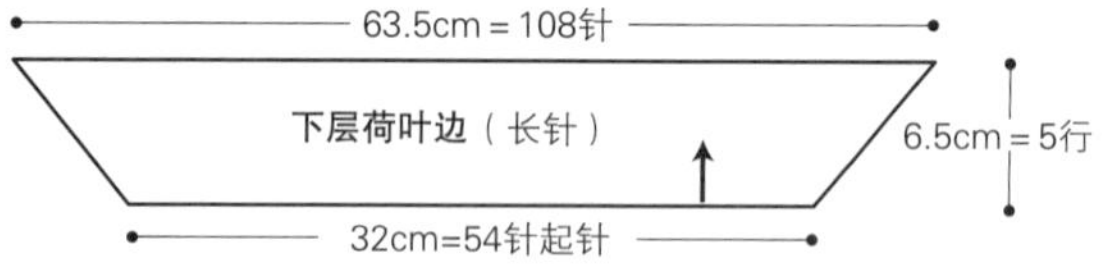

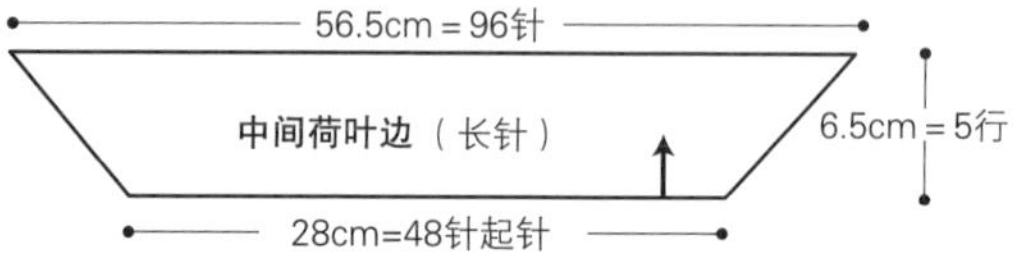

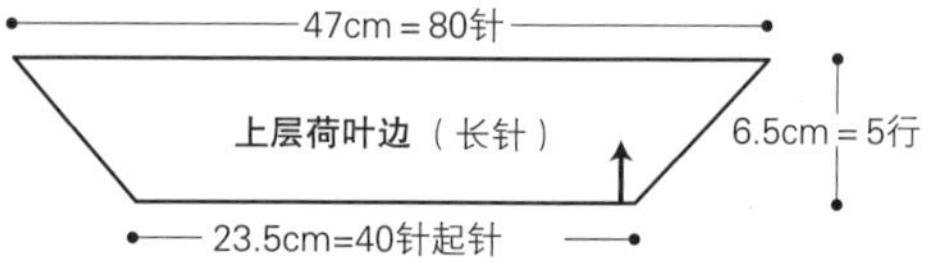

※钩织前侧面的同时，对齐荷叶边的起针针目，使用别线钩织引拔针固定。固定时荷叶边方向与图示方向上下调转。

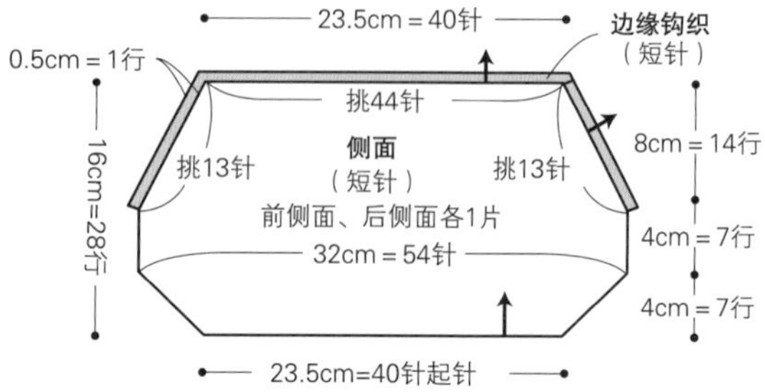

〈尺寸和完成方法〉

※仅在前侧面的钩织过程中固定荷叶边。

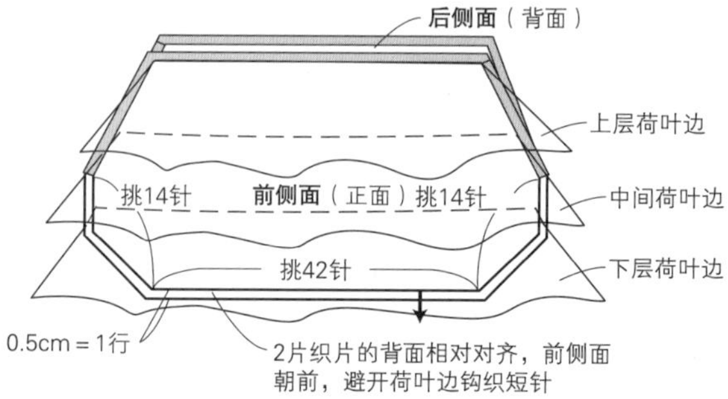

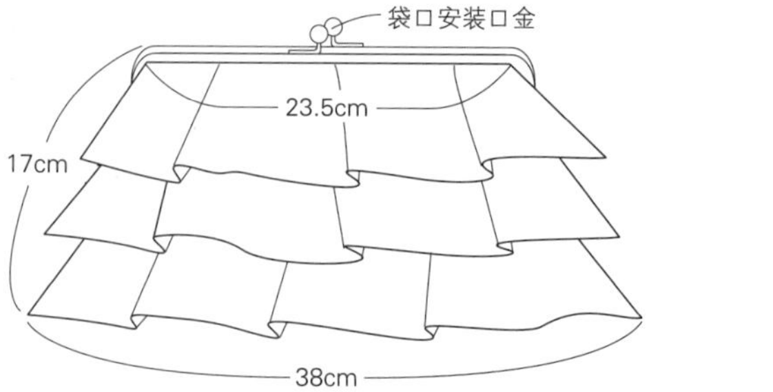

〈钩织图解〉

侧面

（短针）

前侧面、后侧面各1片

※仅在前侧面的钩织过程中固定荷叶边。

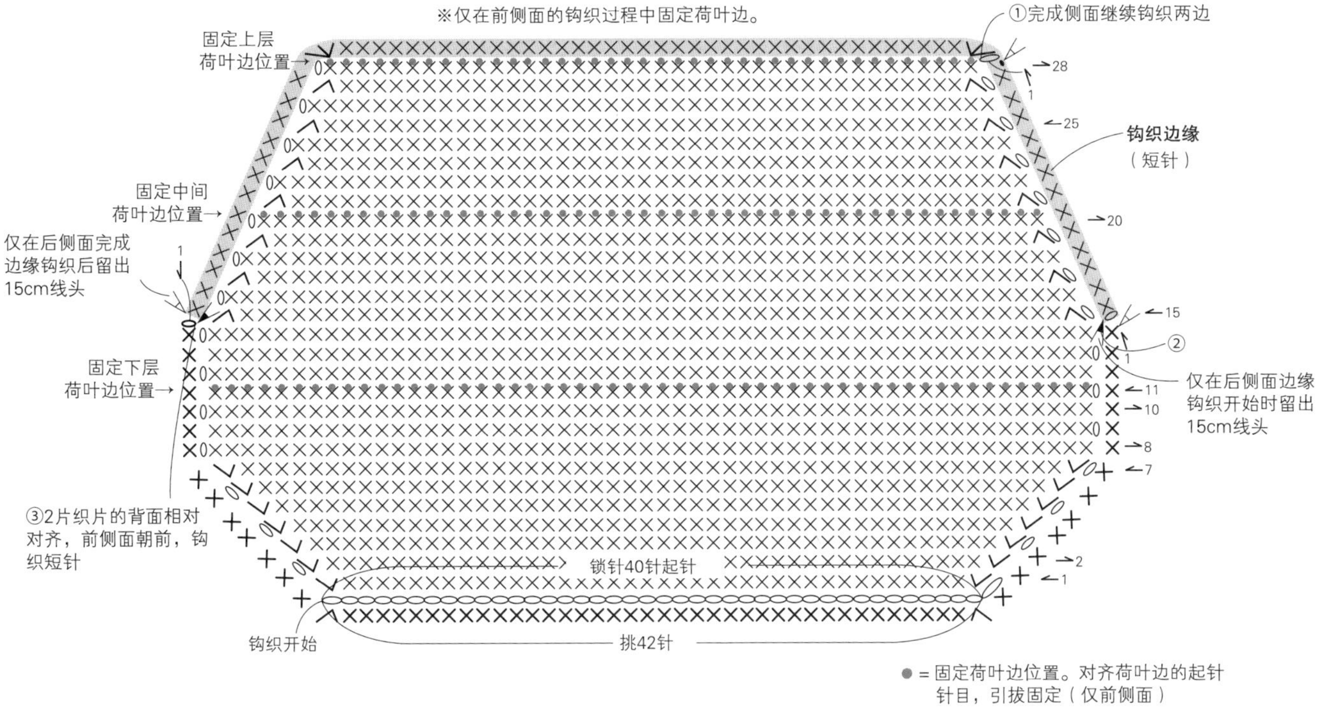

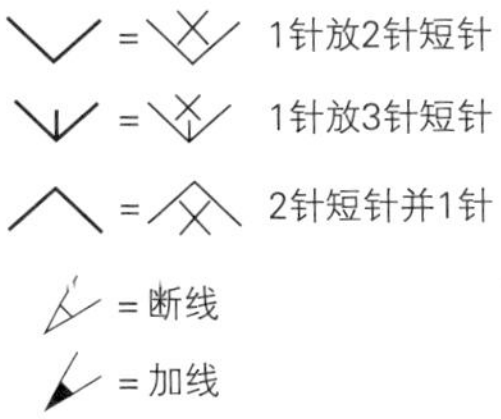

〈荷叶边针数和加减针〉

行	针数			加减针
	下层荷叶边	中间荷叶边	上层荷叶边	
5	108针	96针	80针	没有加减针
4	108针	96针	80针	下层加27针，中间加24针，上层加20针
3	81针	72针	60针	没有加减针
2	81针	72针	60针	下层加27针，中间加24针，上层加20针
1	54针	48针	40针	没有加减针
起针	54针	48针	40针	

上层、中间、下层荷叶边

（长针）

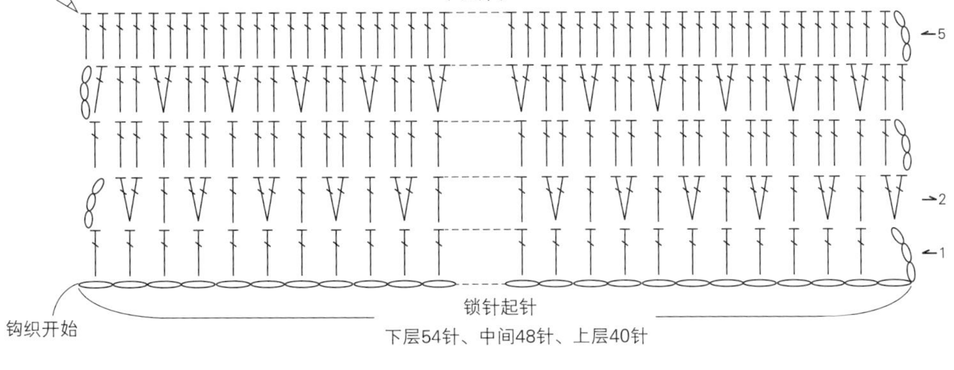

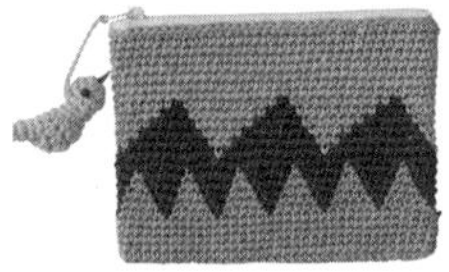

same pattern

no.15 山峰小包 第18页

●**线材** 麻线 细款 淡松石绿色（337）、莱姆绿色（336）、绿色（331）各25g（各2卷），黄色（327）5g（1卷）

●**其他** 拉链 长15cm 白色1根，手缝线，4mm 红色木珠（W662）圆形木珠2个、三角形木珠1个，化纤填充棉 适量

●**工具** 5/0号钩针，毛线缝针，手缝针

●**钩织密度** 短针、短针提花花样 22.5针23行=10cm×10cm

●**完成尺寸** 参照图示

〈钩织方法〉

用1股线，按照指定配色钩织。

1 钩织主体。使用莱姆绿色线，钩36针锁针作为起针，圈状钩织短针和提花花样（第31页“包线提花”）共26行，没有加减针。

2 整理包形，安装拉链。拉链缝合于袋口内侧。

3 钩织挂件小鸟。使用黄色线，线头绕成线环起针，先不要抽紧起针的线环，钩织头部的5行。装入三角形木珠后，抽紧线环，作为鸟的嘴部（①）。在头部两侧缝合圆形木珠，作为眼睛（②）。黄色线穿过颈部，打结，作为挂件挂绳（③）。结头藏进身体内。一边钩织至第11行，一边塞棉（④）。最后塞入剩下的棉，缝合。

4 完成挂件。挂绳穿过拉链头固定。

〈制图〉

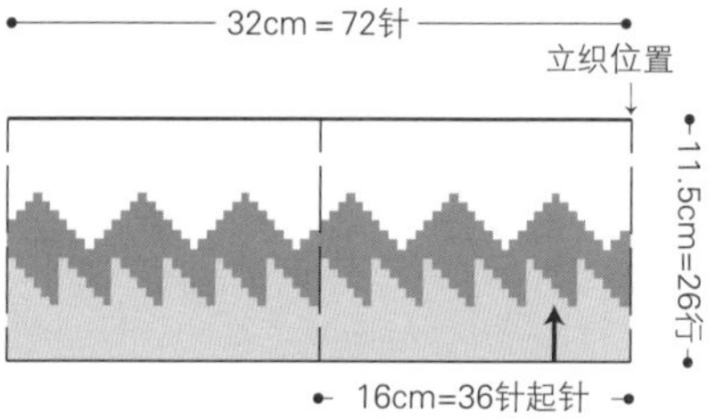

〈尺寸和完成方法〉

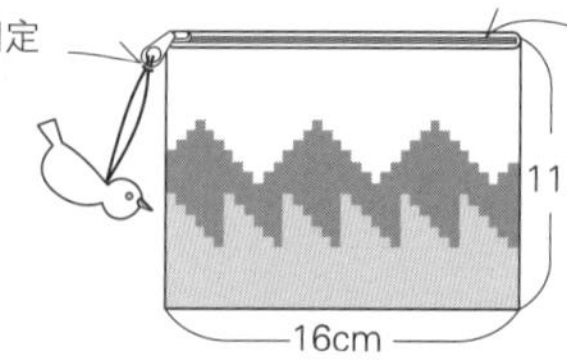

〈挂件制作方法〉

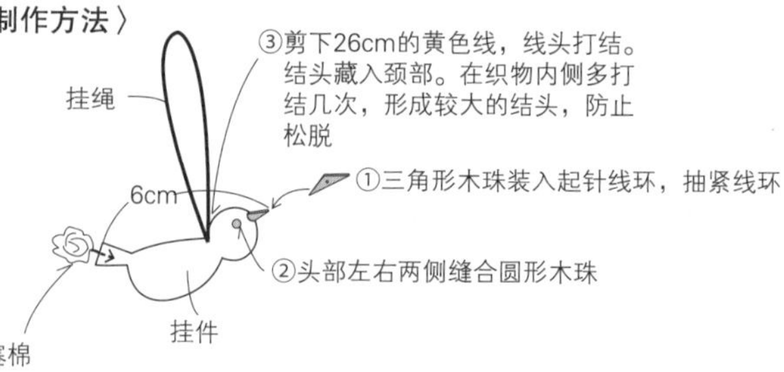

〈钩织图解〉

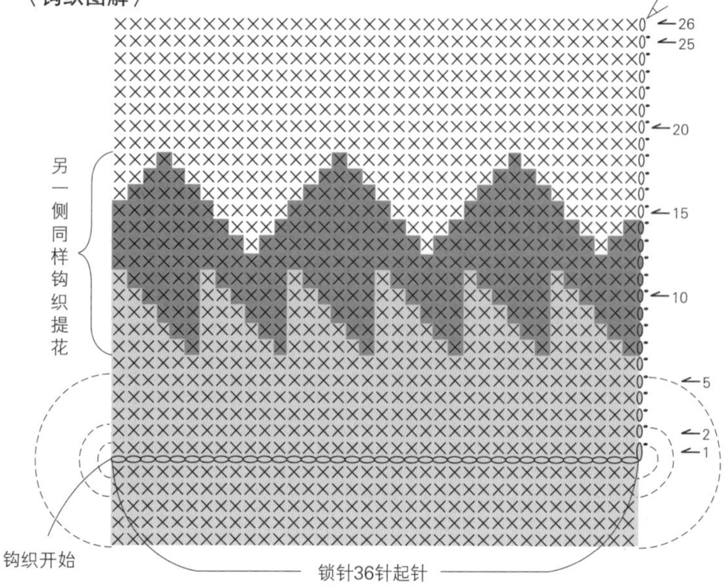

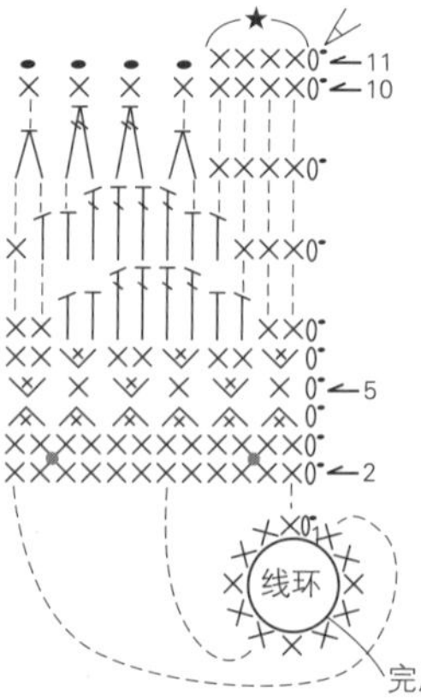

※最后一行（第11行）钩织4针短针，塞棉。织物对折，两边对齐4针短针针目（★），一起以引拔针缝合。

〈针数和加减针〉

行	针数	加减针
10、11	8针	没有加减针
9	8针	减4针
7、8	12针	没有加减针
6	12针	加3针
5	9针	加3针
4	6针	减6针
2、3	12针	没有加减针
1	钩出12针	

● ＝缝合圆形木珠位置

断线符号 ＝断线

■ ＝绿色

□ ＝淡松石绿色

▨ ＝莱姆绿色

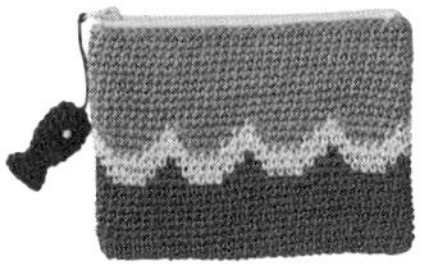

same pattern

no.16

海洋小包 第 18 页

第 18 页

- ●**线材** 麻线 细款 蓝色（347）、浅蓝色（346）各 25g（各 2 卷），纯麻色（321）10g（1 卷），深蓝色（348）5g（1 卷）
- ●**其他** 拉链 长 15cm 白色 1 根，手缝线，4mm 白色木珠（W661）圆形 2 个
- ●**工具** 5/0 号钩针，毛线缝针，手缝针
- ●**钩织密度** 短针 短针提花花样 22.5针23行=10cm×10cm
- ●**完成尺寸** 参照图示

〈钩织方法〉

用 1 股线，按照指定配色钩织。

1 钩织主体。使用蓝色线，钩 36 针锁针作为起针，圈状钩织短针和提花花样（第 31 页“包线提花”）共 27 行，没有加减针。

2 整理包形，安装拉链。拉链缝合于袋口内侧。

3 钩织挂件鱼。使用深蓝色线，线头绕成线环起针，先不要抽紧起针的线环，钩 5 行。把作为挂绳的深蓝色线打结塞入线环，抽紧线环（①）。在头部两侧缝合圆形木珠，作为眼睛（②）。钩织至第 11 行，缝合。

4 完成挂件。挂绳穿过拉链头固定。

〈尺寸和完成方法〉

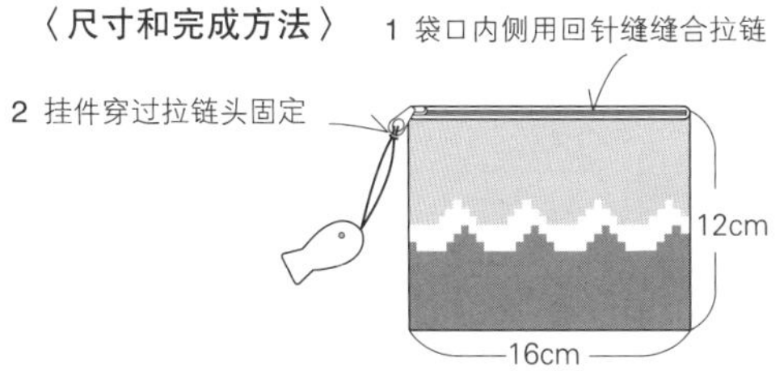

〈制图〉

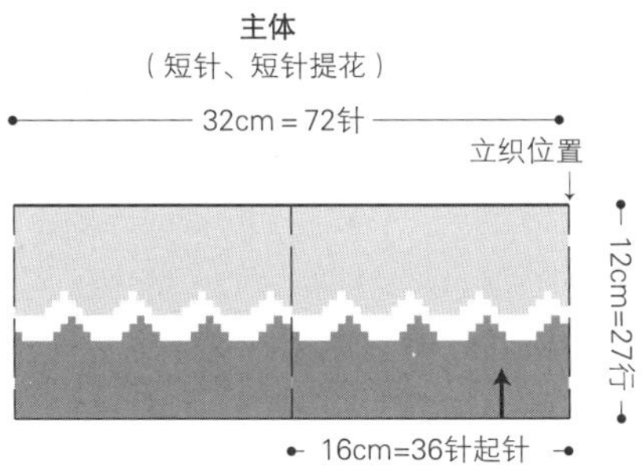

〈挂件制作方法〉

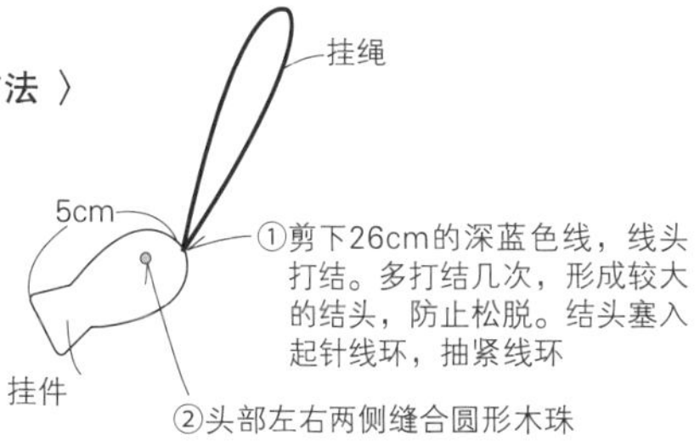

〈钩织图解〉

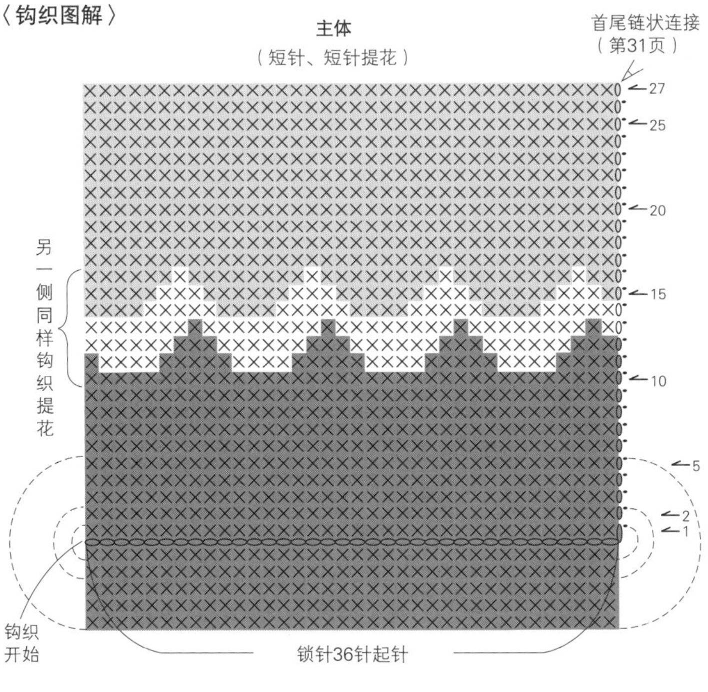

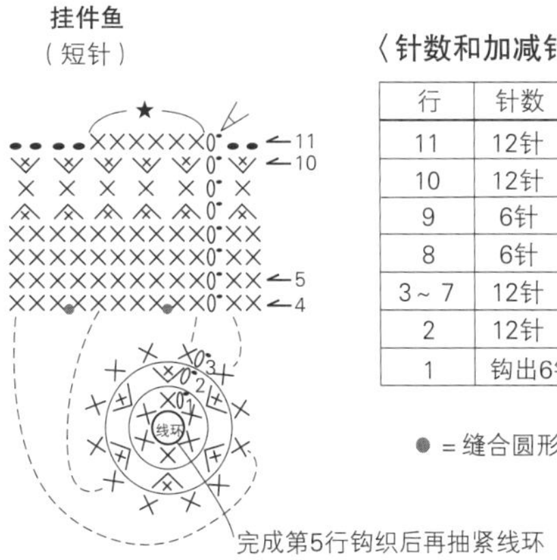

※最后一行钩织6针短针，织物对折，两边对齐6针短针针目（★），一起以引拔针缝合。

〈针数和加减针〉

行	针数	加减针
11	12针	没有加减针
10	12针	加6针
9	6针	没有加减针
8	6针	加6针
3～7	12针	没有加减针
2	12针	加6针
1	钩出6针	

● = 缝合圆形木珠位置

＝断线　□ = 纯麻色　▒ = 浅蓝色　■ = 蓝色

same pattern
no.17 帽子 第 19 页

第 19 页

- **线材** 马尼拉麻蕾丝线 茶黄色（908）120g（6 团）
- **工具** 6/0 号钩针，毛线缝针
- **钩织密度** 短针 19针21行=10cm×10cm
- **完成尺寸** 参照图示

〈钩织方法〉

除特别指定外，用 3 股线钩织。

1 钩织顶部和帽侧。线头绕成线环起针，顶部钩织短针 16 行，继续钩织帽侧短针 23 行。

2 钩织帽侧花样。钩织帽檐的第一行，暂时不断线。使用 1 股线，在指定位置加钩引拔针（参见第 63 页）。

3 钩织剩下的帽檐。使用步骤 **2** 留下的线，继续钩 17 行。

〈制图和尺寸〉

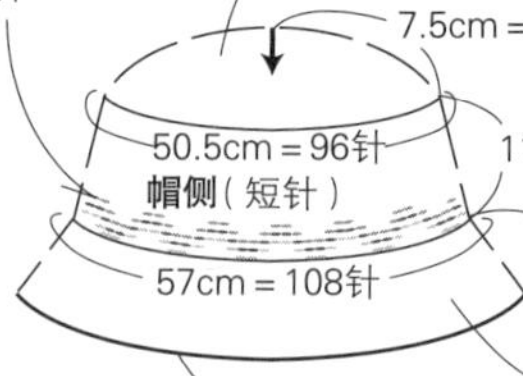

same pattern
no.18 竹制提手包 第 19 页

- **线材** 马尼拉麻线 黑色（510）160g（8 团）
- **其他** 竹制提手 内径 11cm 1 组
  D环 宽10mm 金色 4个
- **工具** 7/0 号钩针，毛线缝针
- **钩织密度** 短针 15针17行=10cm×10cm
- **完成尺寸** 参照图示

〈制图〉

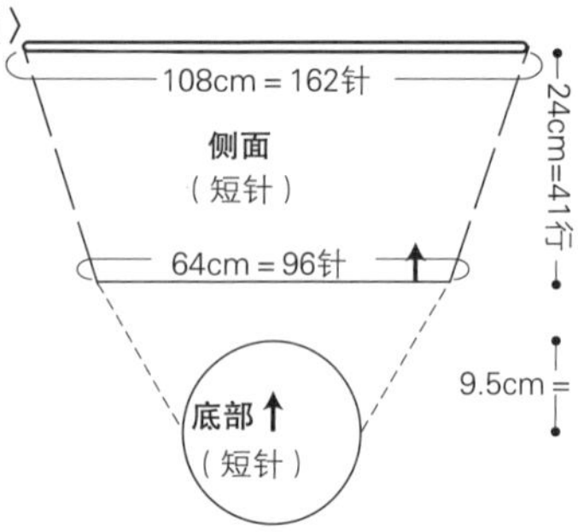

〈钩织方法〉

用 1 股线钩织。

1 钩织底部和侧面。线头绕成线环起针，底部钩织短针 16 行。继续钩织侧面短针 41 行。

2 安装提手。提手两端装上 D 环，使用同色线卷针缝固定于袋口。

〈尺寸和完成方法〉

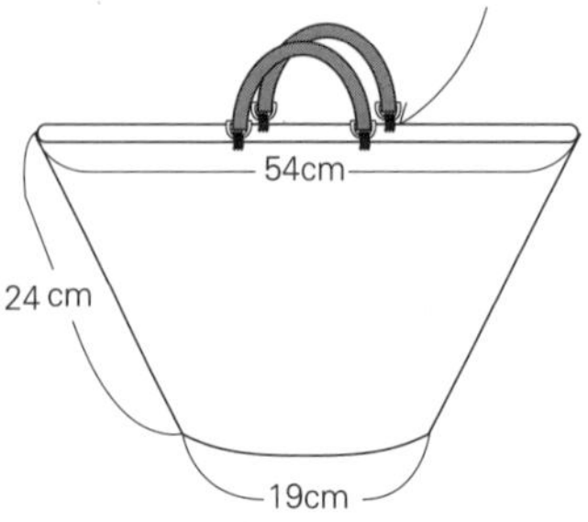

〈针数和加减针〉

※（ ）里表示no.17的行数。

no.17	no.18	行	针数	加减针
帽檐	侧面	41（18）	162针	没有加减针
		40（17）	162针	加6针
		39（16）	156针	没有加减针
		38（15）	156针	加6针
		37（14）	150针	没有加减针
		36（13）	150针	加6针
		35（12）	144针	没有加减针
		34（11）	144针	加6针
		33（10）	138针	没有加减针
		32（9）	138针	加6针
		31（8）	132针	没有加减针
		30（7）	132针	加6针
		29（6）	126针	没有加减针
		28（5）	126针	加6针
		27（4）	120针	没有加减针
		26（3）	120针	加6针
		25（2）	114针	没有加减针
		24（1）	114针	加6针
帽侧		17～23	108针	没有加减针
		16	108针	加6针
		9～15	102针	没有加减针
		8	102针	加6针
		1～7	96针	没有加减针
顶部	底部	16	96针	每行加6针
		15	90针	
		14	84针	
		13	78针	
		12	72针	
		11	66针	
		10	60针	
		9	54针	
		8	48针	
		7	42针	
		6	36针	
		5	30针	
		4	24针	
		3	18针	
		2	12针	
		1	钩出6针	

〈no.17、no.18 钩织图解〉

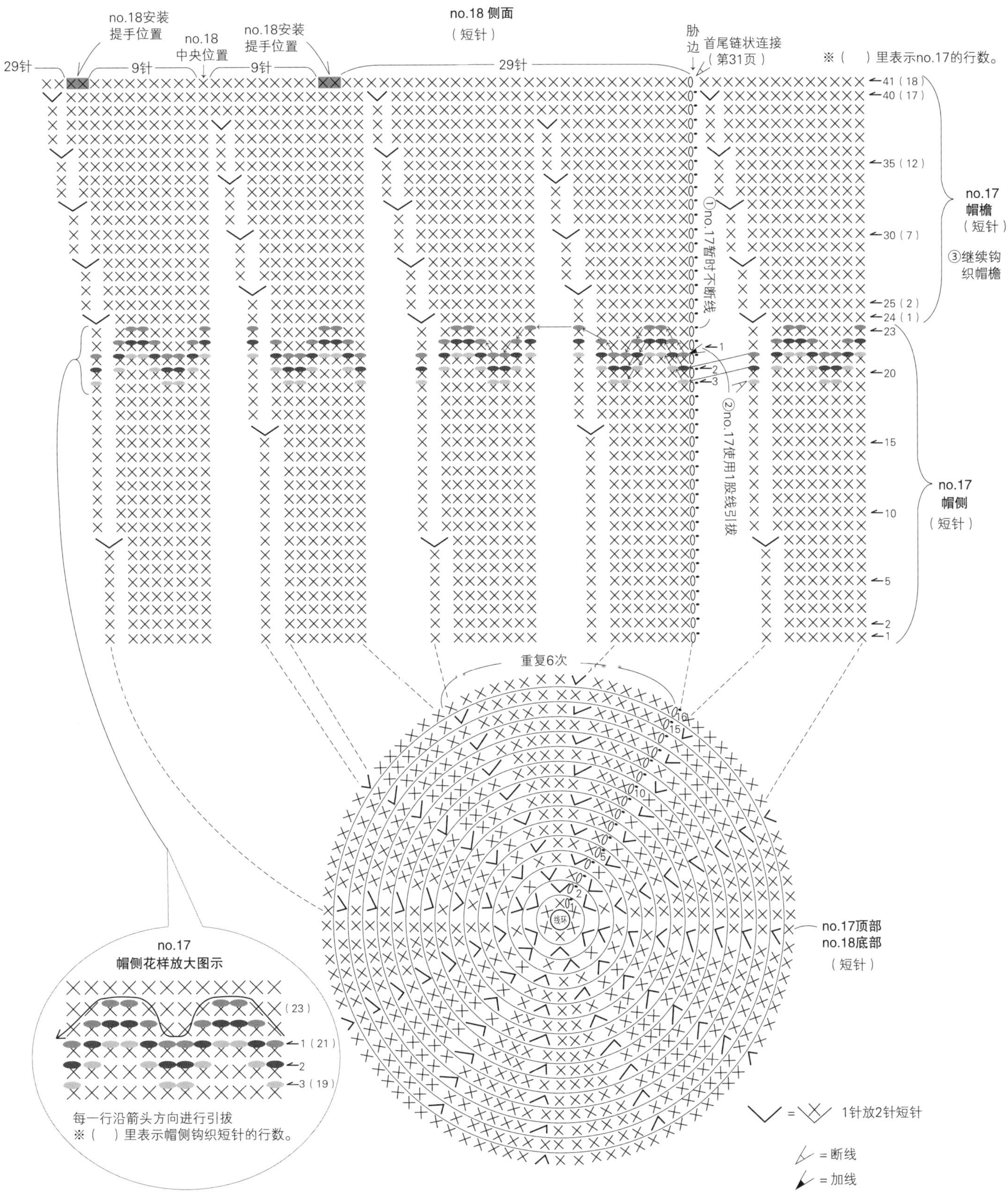

no.18安装
提手位置
no.18
中央位置
no.18安装
提手位置
no.18 侧面
（短针）
胁边
首尾链状连接
（第31页）
※（ ）里表示no.17的行数。
29针
9针
9针
29针
41（18）
40（17）
35（12）
30（7）
25（2）
24（1）
23
20
15
10
5
2
1
no.17
帽檐
（短针）
③继续钩
织帽檐
no.17
帽侧
（短针）
①no.17暂时不断线
②no.17使用1股线引拔
重复6次
线环
no.17顶部
no.18底部
（短针）
no.17
帽侧花样放大图示
（23）
1（21）
2
3（19）
每一行沿箭头方向进行引拔
※（ ）里表示帽侧钩织短针的行数。
= 1针放2针短针
= 断线
= 加线

elephant motif

no.19

扁平款大象拎包 第20页

●**线材** 针织棉线 烟灰色（685）
420g（9卷），风筝线小卷
#305g（1团）

●**工具** 7mm钩针，毛线缝针

●**钩织密度** 短针 11针12行=10cm×10cm

●**完成尺寸** 参照图示

〈钩织方法〉

除特别指定外，用1股针织棉线钩织。

1 钩织侧面。钩30针锁针作为起针，往返钩6行短针，两肋边按照钩织图解加针。继续钩织第7行到第34行，没有加减针。以同样的方法钩织另一片。其中一片暂时不断线（①），作为前侧面。另一片作为后侧面。

2 钩织大象花样。使用风筝线，在前侧面加钩引拔针。

3 拼接包袋。2片侧面织片的背面相对对齐，使用步骤**1**留下的线，三边钩织短针拼接（②）。

4 分别钩织前侧面和后侧面的提手。在指定位置加线，钩37针锁针作为起针，继续钩6行锁针和引拔针。

5 制作流苏。参照第63页制作流苏，固定于肋边。

〈制图〉

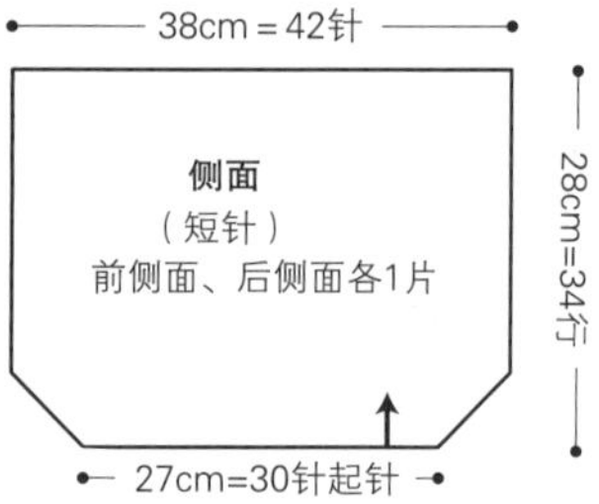

〈尺寸和完成方法〉

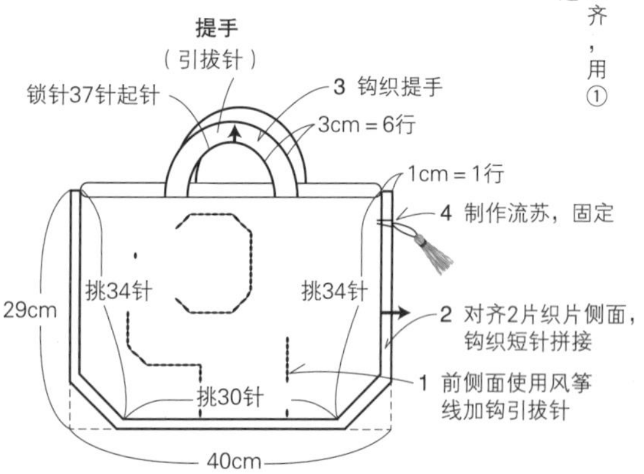

〈钩织图解和装饰位置〉

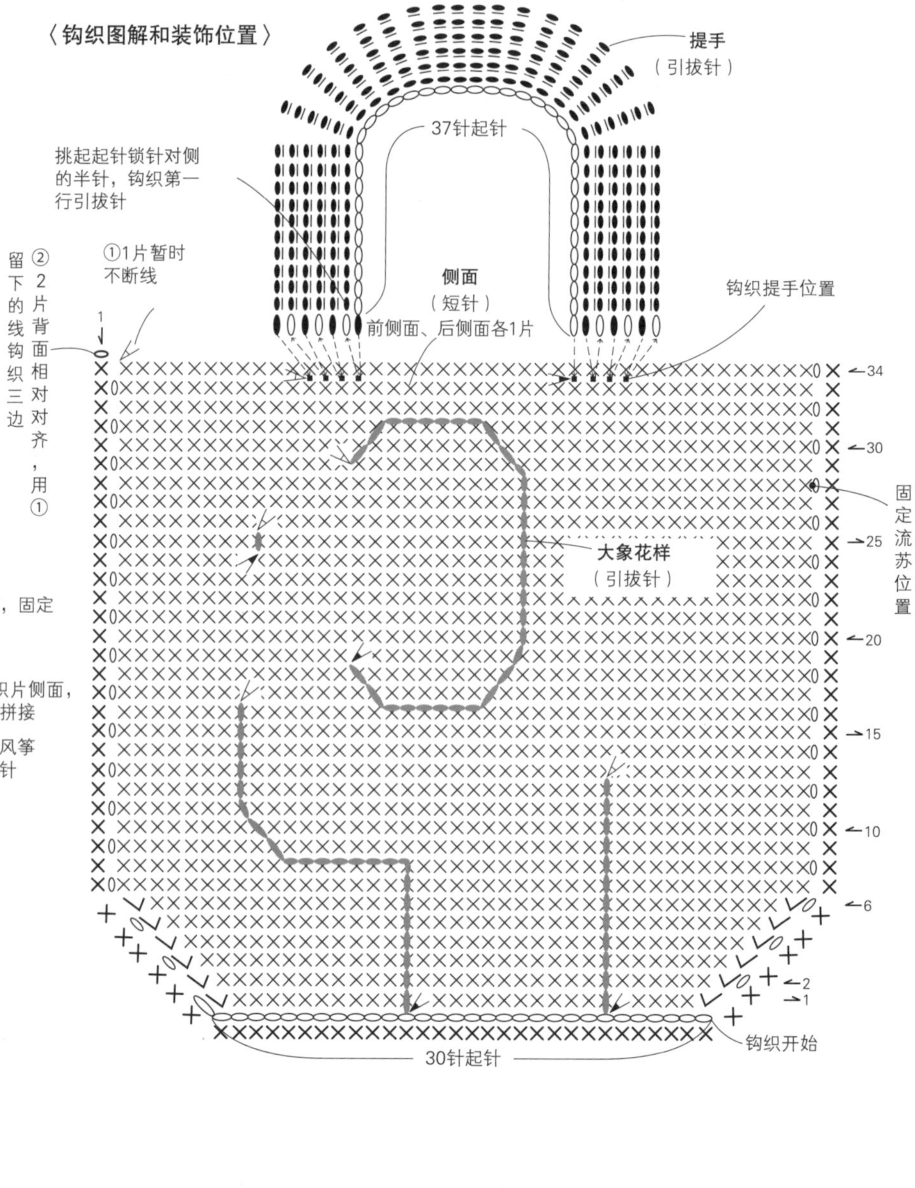

＝ 1针放2针短针

＝使用风筝线加钩引拔针

＝挑前一行引拔针靠近面前的半针，钩织引拔针

＝断线

＝加线

〈加钩引拔针的方法〉

●横向钩织

1 钩针从织物背面挂线引拔。接着插入圆形记号的位置（针目之间），在背面挂线，引拔钩过针上的线圈。

2 重复步骤1，横向引拔钩织需要的针数。

●斜向钩织

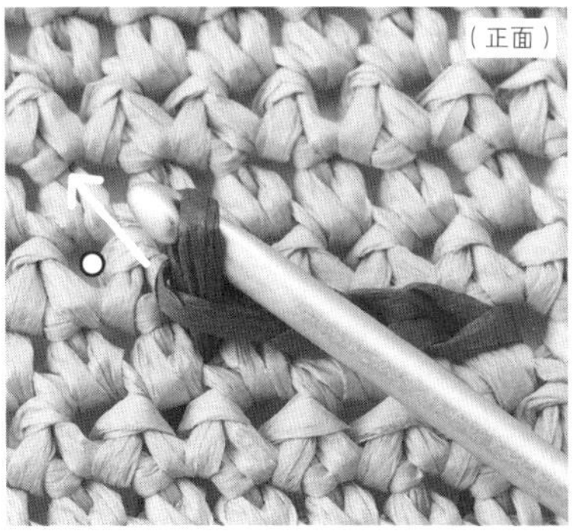

1 钩针插入斜向下一行的下一针（针目之间）。与“横向钩织”的方法相同，钩针在背面挂线，引拔钩过针上的线圈。

2 完成斜向1针引拔针。

●纵向引拔

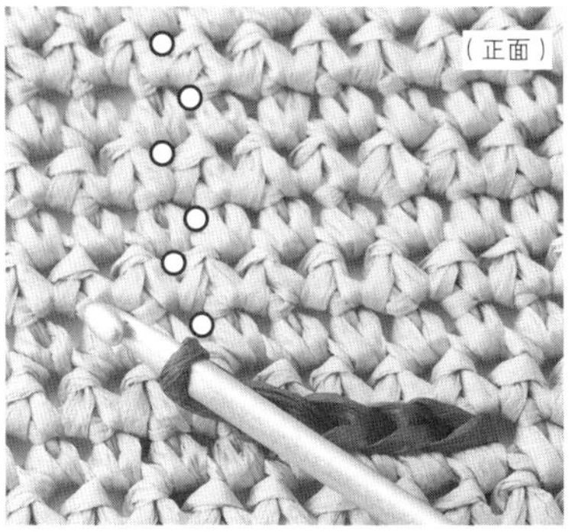

1 与“横向钩织”的方法相同，钩针在织物背面挂线，引拔钩过针上的线圈。往返钩织的情况下，正面与背面针目之间的位置会错开，按照图片中Z形的记号位置，插入钩针，钩织引拔针。

2 完成纵向引拔针。

〈流苏制作方法〉 准备针织棉线，40cm 的线 1 根、20cm 的线 15 根、30cm 的线 1 根。

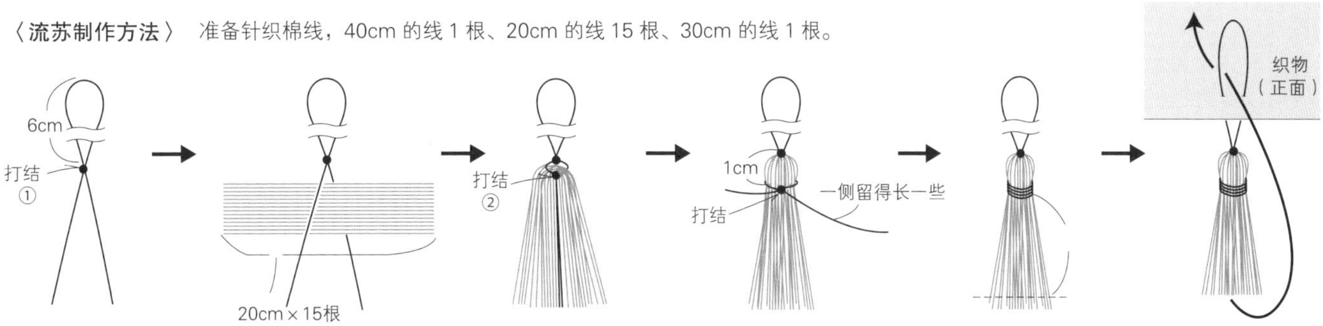

把40cm的线对折，中间形成线环，在下方6cm处打结。

15根20cm的线置于线环下方两股线的中间。

在①的下方打结，固定15根流苏线。

藏好②的结头，把30cm的线一侧留得长一些，在①的下方1cm处打结。

留出的较长一侧线在流苏线上绕几圈，再穿入绕好的线圈中固定在线圈以下。

线环穿过织物，按箭头方向，把流苏穿过线环后再抽紧线环。

elephant motif

no.20

大象玩偶 第 21 页

- **●线材** 麻线 细款 纯麻色（361）100g（大卷 1 卷）
- **●其他** 捷克木珠 圆形 5mm 褐色（W1325）2 个，化纤填充棉 适量
- **●工具** 5/0 号钩针，毛线缝针，计数环
- **●钩织密度** 短针 21针23行=10cm×10cm
- **●完成尺寸** 参照图示

\从下面看到的样子/

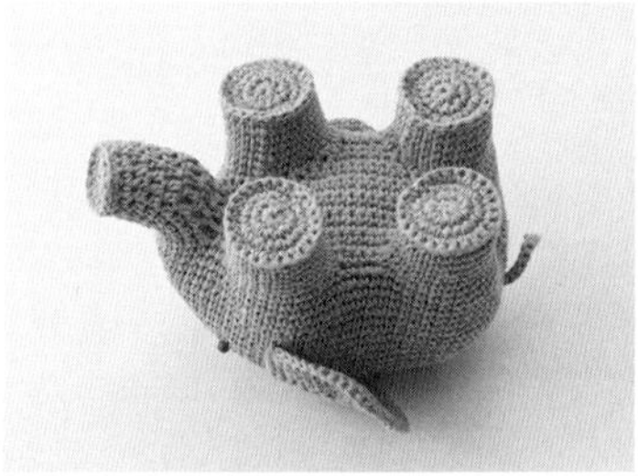

〈钩织方法〉

用 1 股线钩织。按照制图和完成方法①～⑧的顺序钩织。

1 钩 4 片足底。线头绕成线环起针，钩 3 行短针（①）。

2 钩 1 片鼻头。线头绕成线环起针，钩 2 行短针（①）。

3 钩 2 片耳朵。线头绕成线环起针，钩 6 行短针、锁针、中长针（①）。暂时不断线。

4 钩 1 根尾巴。钩 9 针锁针作为起针，钩 1 行引拔针（①）。暂时不断线。

5 钩织主体。钩 10 针锁针作为起针，背部钩 13 行短针。继续钩织侧面 11 行。塞入填充棉（②）。

6 钩织腹部。从侧面的☆（主体、侧面、腹部钩织图解）挑针，钩 16 行。同时，钩织图解的△、♡位置和侧面对齐，钩织引拔针拼接。▲位置，反向插入钩针拼接。★位置，留出线头，用卷针缝缝合（③）（第 66 页）。

7 钩 4 条腿。从侧面和腹部挑 24 针，前腿、后腿分别钩 7 行短针。塞入填充棉。第 8 行和足底部分背面相对对齐，钩织短针拼接（④）。

8 钩织鼻子。从侧面和腹部挑 18 针，钩 7 行长针、中长针、短针。塞入填充棉。第 8 行和鼻头部分背面相对对齐，钩织短针拼接（⑤）。

9 完成。耳朵、尾巴用卷针缝缝合于指定位置（⑥、⑦）。缝合木珠作为眼睛。

〈制图和完成方法〉

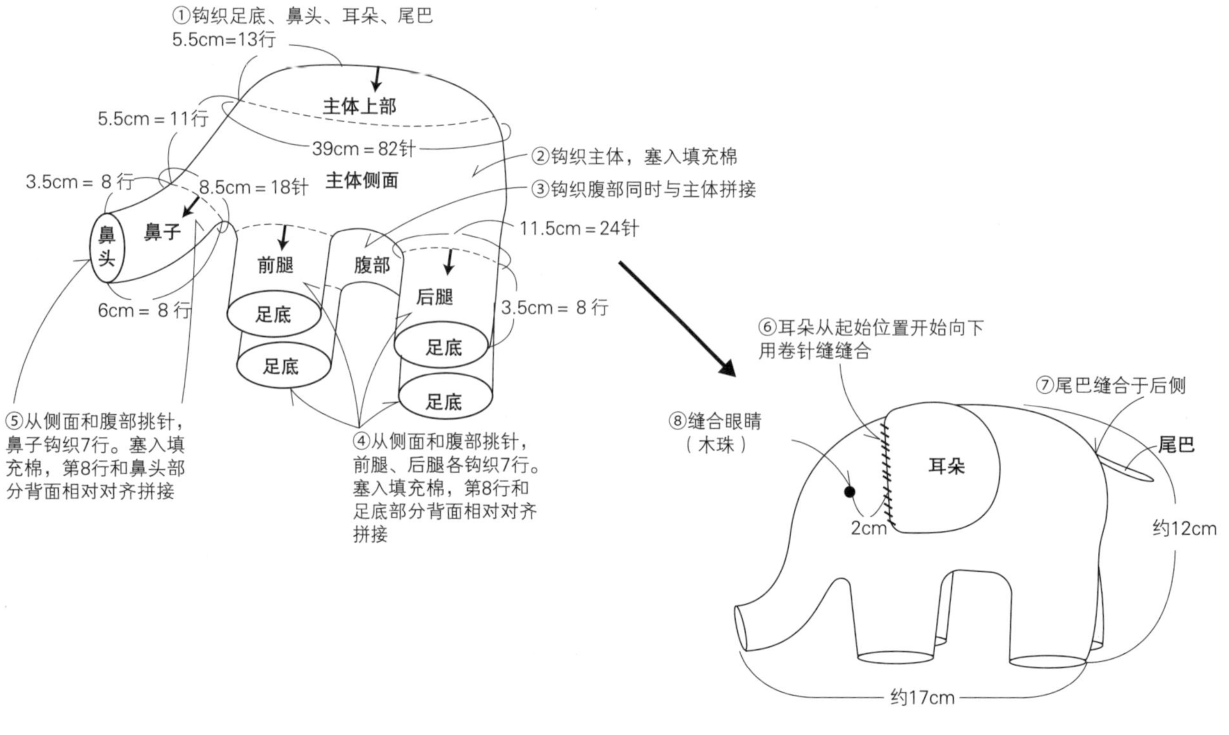

〈钩织图解〉 ※按照1~5的顺序钩织。

1

足底 4片
（短针）

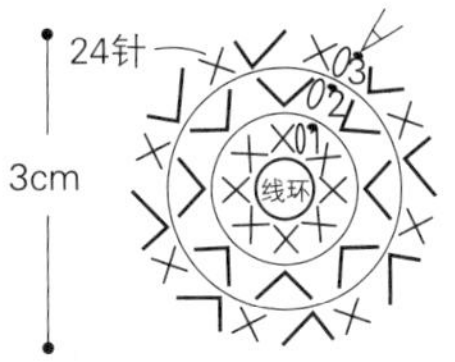

耳朵 2片
（锁针、短针、中长针）

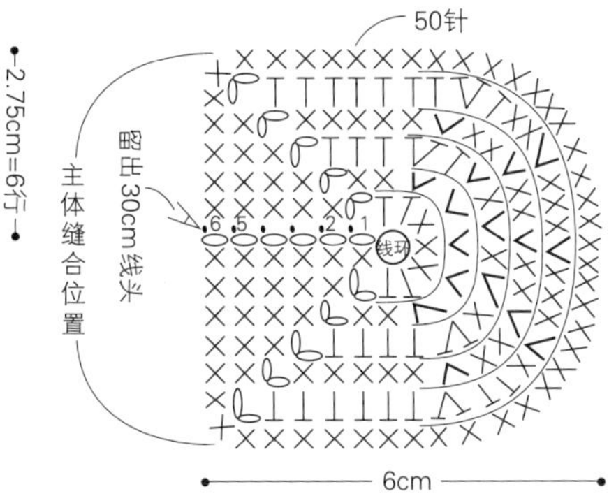

尾巴
（引拔针）

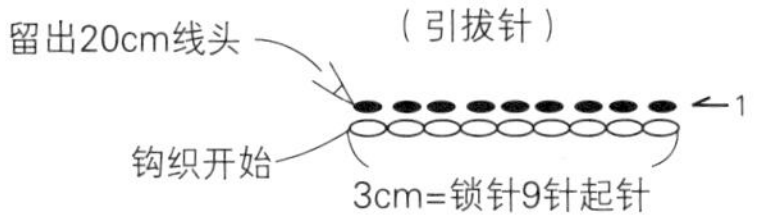

鼻头
（短针）

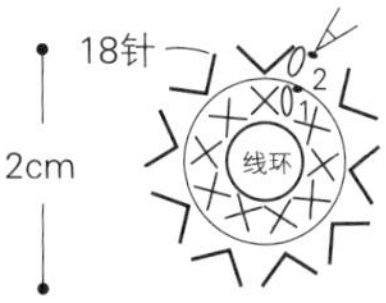

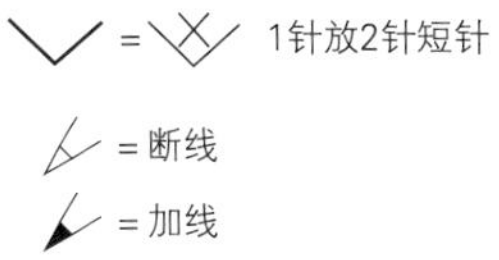

2

主体侧面
（短针）
侧面合印点即为拼接腹部的位置

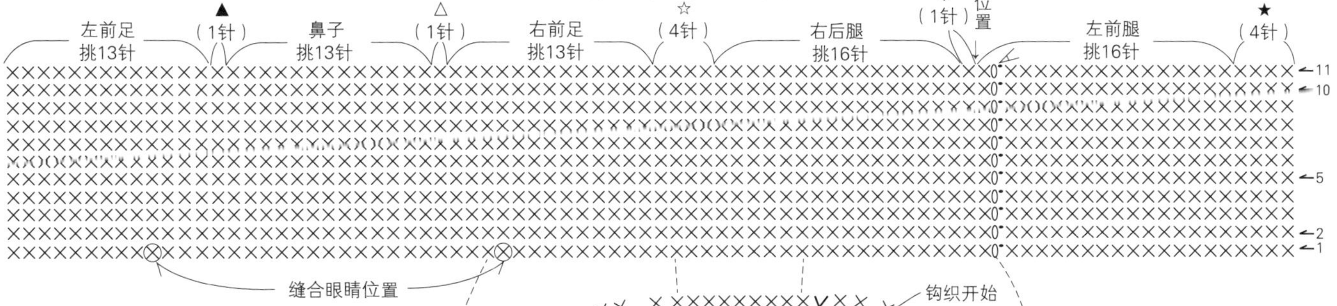

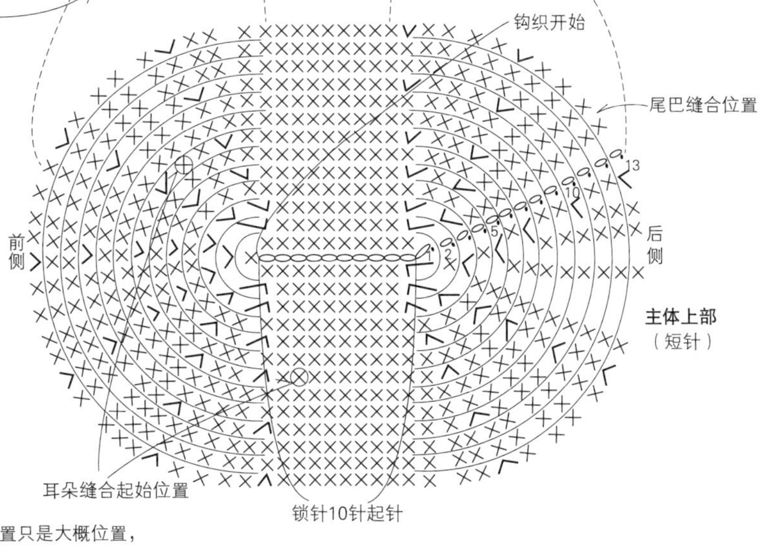

〈背部的针数和加减针〉

行	针数	加减针
13	82针	加11针
11、12	71针	没有加减针
10	71针	加11针
8、9	60针	没有加减针
7	60针	加11针
6	49针	没有加减针
5	49针	加11针
4	38针	没有加减针
3	38针	加11针
2	27针	加5针
1	钩出22针	
钩织开始	锁针10针	

※缝合眼睛、耳朵、尾巴的位置只是大概位置，
可以根据完成的主体情况进行调整。

〈钩织图解〉

3 **腹部**

（短针）

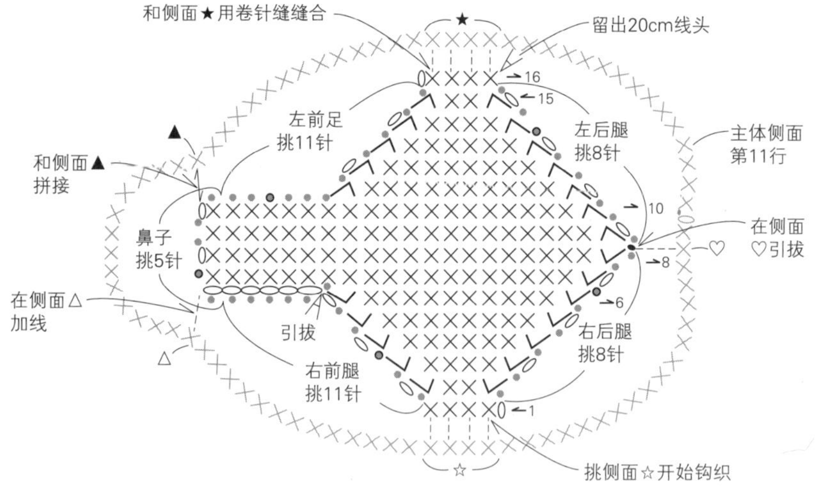

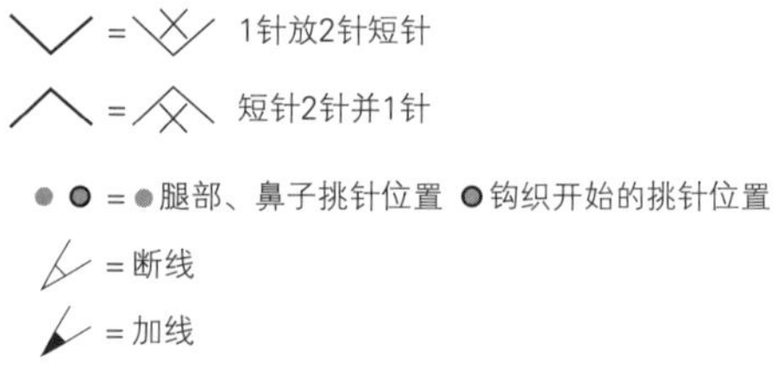

4 **前腿、后腿** 各2条

（短针）

※第8行和足底部分背面相对对齐，拼接。

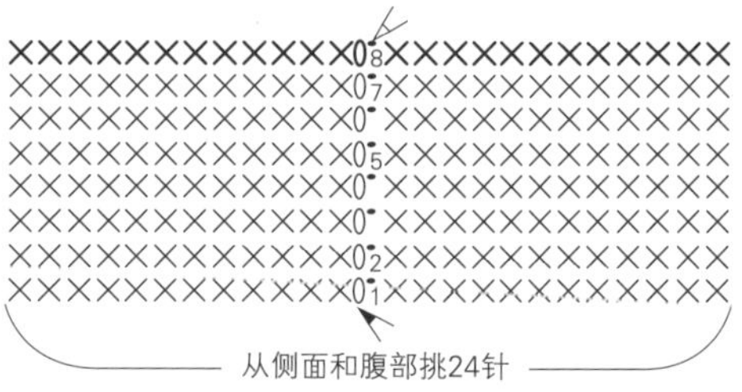

5 **鼻子**

（短针、中长针、长针）

※第8行和鼻头部分背面相对对齐，拼接。

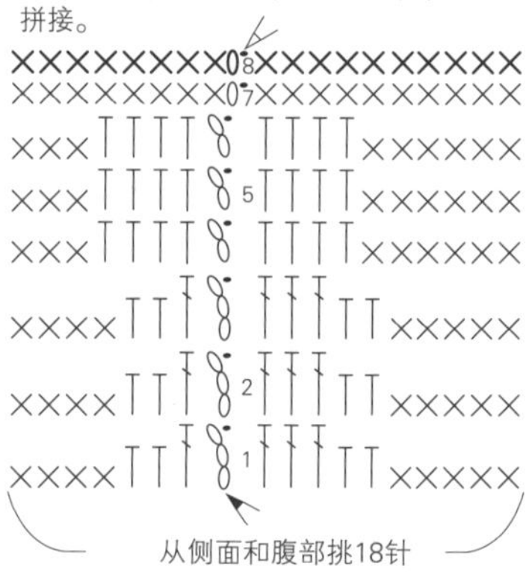

〈主体和腹部的拼接方法〉

※ 为了便于理解，图片中更换了线材颜色，也没有塞入填充棉。

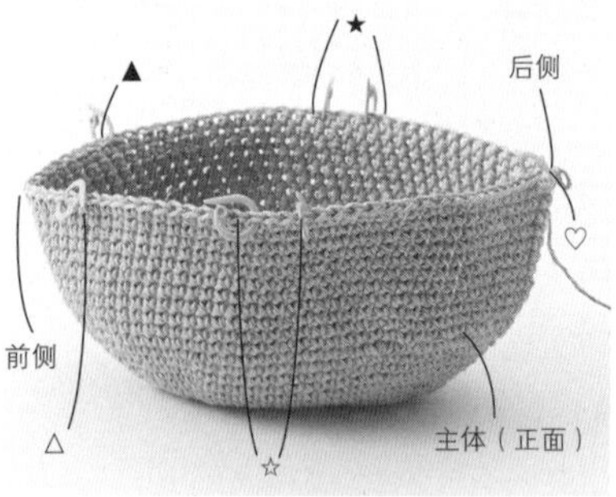

1 参照腹部的钩织图解，使用计数环，在♡、☆的左右两侧，★的左右两侧，△、▲的位置做好标记。

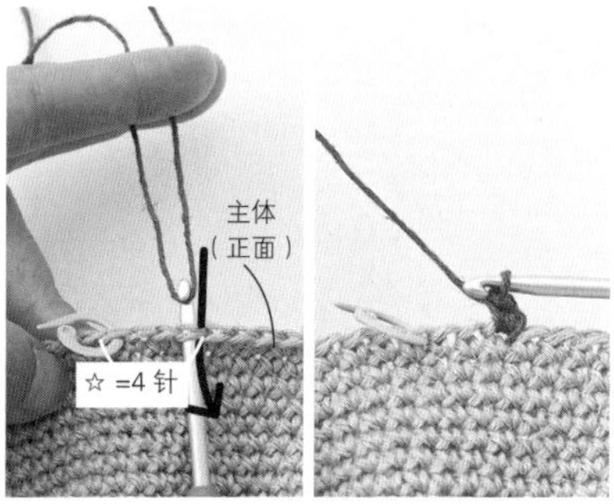

2 钩针插入钩织开始的位置，挂线引拔（图片左），钩织短针（图片右）。

3 钩4针短针（作为腹部的第一行），参照钩织图解往返钩织。

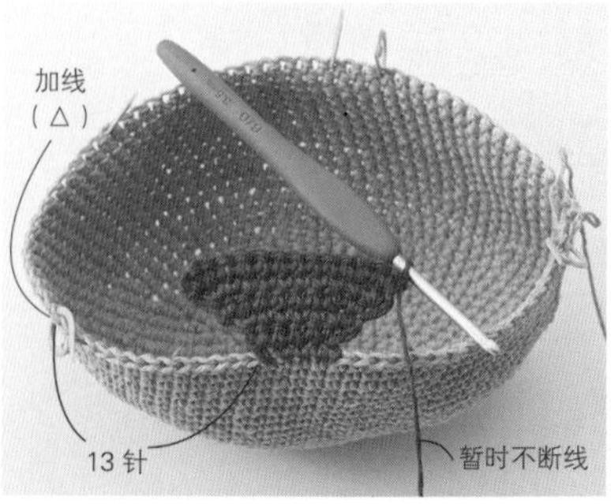

4 钩织完第6行，暂时不断线。在△的位置另外加线。

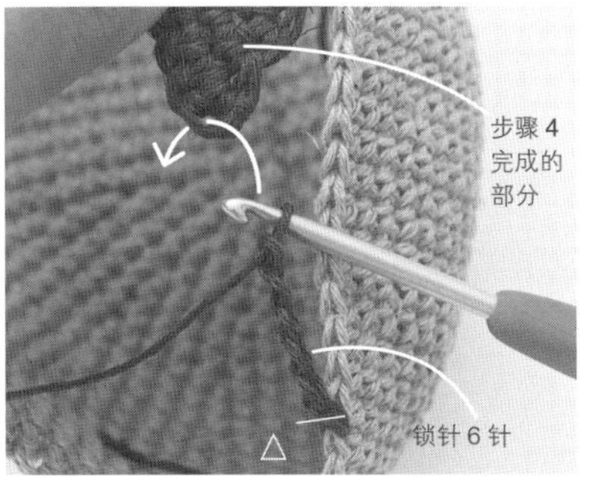

5 钩6针锁针，钩针沿箭头方向从正面插入步骤4完成的部分，挂线引拔。

6 引拔完成。连接锁针和步骤4完成的部分，作为第7行以后的起针。

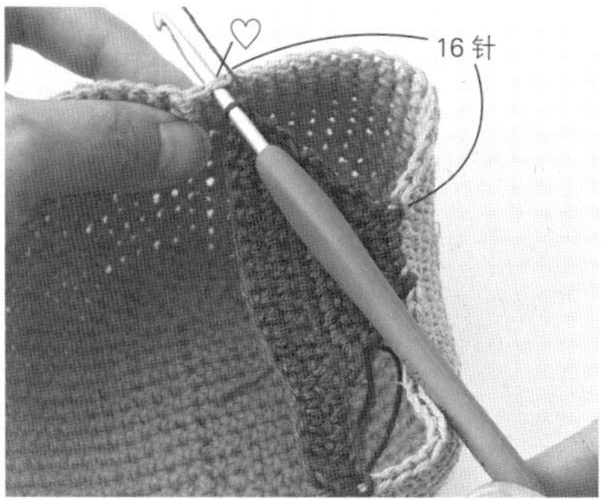

7 钩针插入步骤4未断线的最后一针针目，继续钩织至腹部第8行完成。再插入♡的位置。

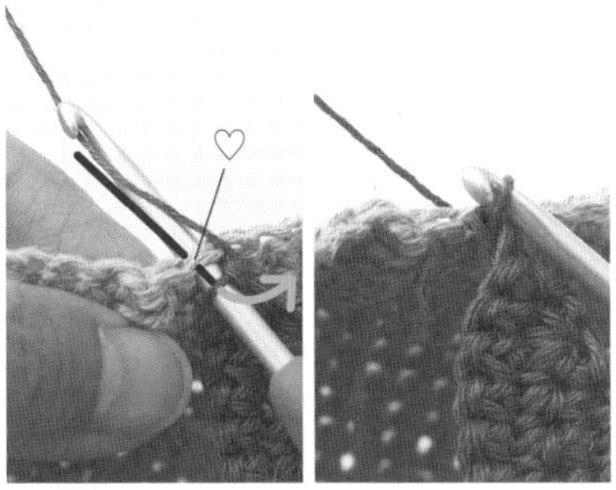

8 挂线引拔，拼接主体和腹部。

9 继续钩织至腹部第9行完成，第10行立织1针后先抽出钩针，沿箭头方向从主体正面▲的位置插入钩针，与主体连接。

10 钩针插入腹部完成部分的线圈，引拔至主体正面。

11 引拔线圈完成。

12 钩针插入腹部完成部分的第一针针目，挂线引拔，拼接主体和腹部。

13 继续钩织完成腹部，留出20cm线头后断线，最后一针引拔完成后穿上毛线缝针。

14 主体★位置和腹部最后一行的针目用卷针缝缝合。

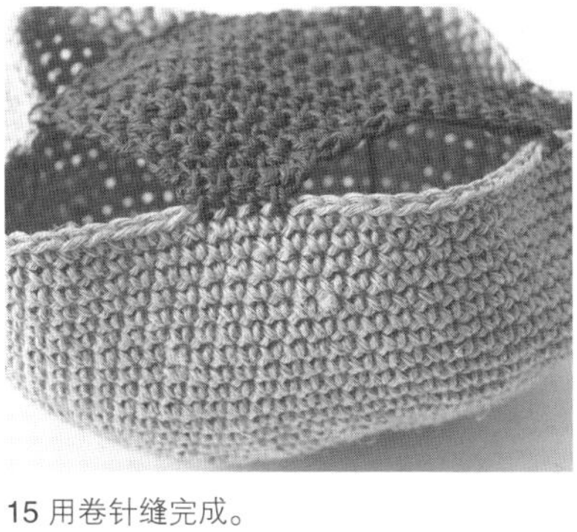

15 用卷针缝完成。

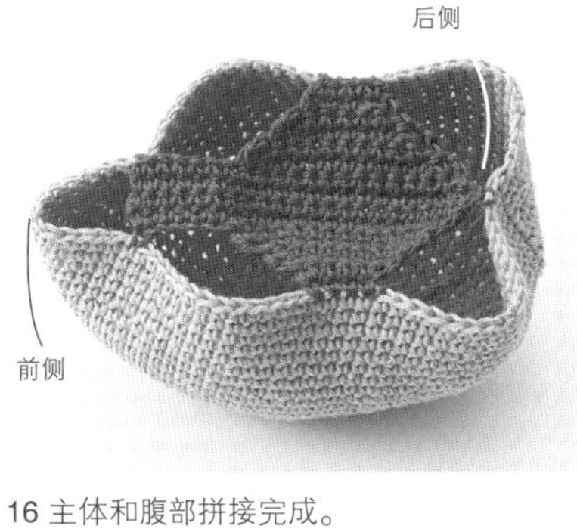

16 主体和腹部拼接完成。

musubi

no.21

木环绳结包 第 22 页

●**线材**　针织棉线 雾蓝色（683）420g（9 卷）
●**其他**　木环 外径 44mm 白色（MA2260）4 个
●**工具**　7mm 钩针，毛线缝针
●**钩织密度**　中长针 11针10行=10cm×10cm
●**完成尺寸**　参照图示

〈钩织方法〉

用 1 股线钩织。

1 钩织提手。钩 12 针锁针，引拔第一针形成圈状。继续钩 34 针锁针作为起针。再钩 12 针锁针，引拔第一针。两端都形成圈状。继续钩 1 行中长针和短针。以同样的方法钩织另一根提手。

2 步骤 **1** 完成的提手两端穿入木环。

3 钩织底部和侧面。底部钩 18 针锁针作为起针，钩 9 行中长针。侧面继续钩 14 行中长针，暂时不断线。

4 钩织提手连接部分。在侧面上方指定位置加线，钩 7 针锁针作为起针后断线。以同样方法钩织另外三处连接部分（①）。

5 钩织袋口。使用步骤 **3** 留下的线，按照图解钩织锁针、短针、中长针和长针（②），完成袋口和提手连接部分。

6 安装提手。在侧面第 14 行的正面钩织引拔针。提手连接部分穿过步骤 **2** 的木环，向内折对齐，2 片重叠钩织引拔针缝合（③）。

〈制图〉

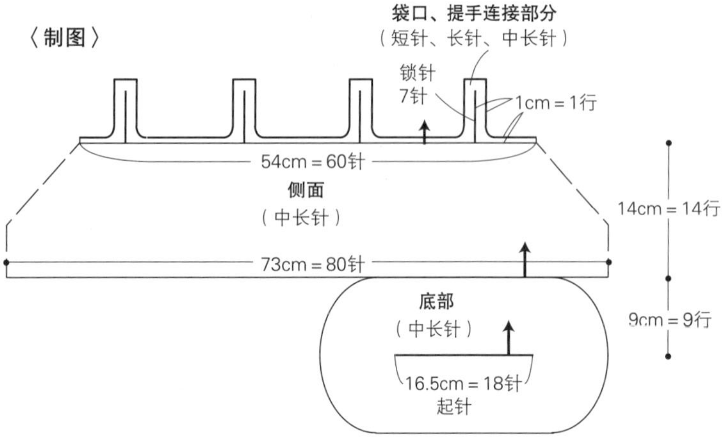

〈木环的安装方法〉

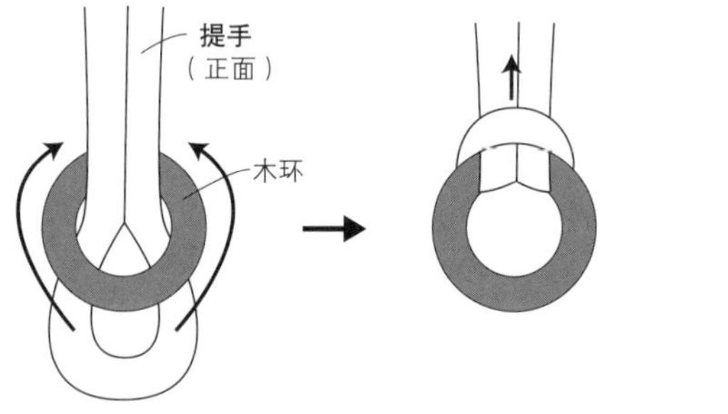

提手一端穿过木环。翻折圈状部分包住木环

包住木环后向上拉出提手。另一端也以同样的方法穿过木环。用同样方法完成另一根提手

〈尺寸和完成方法〉

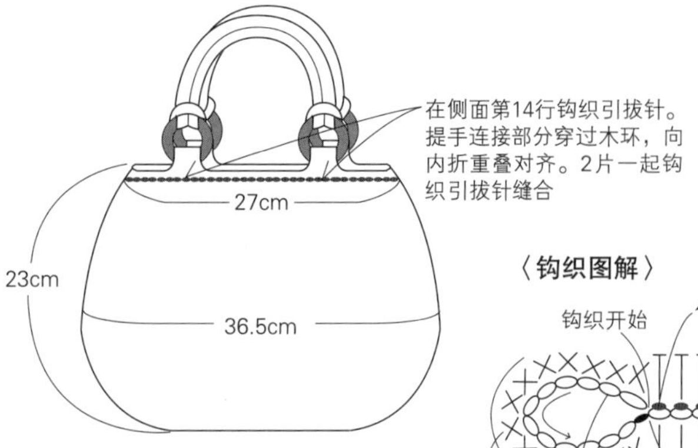

〈钩织图解〉

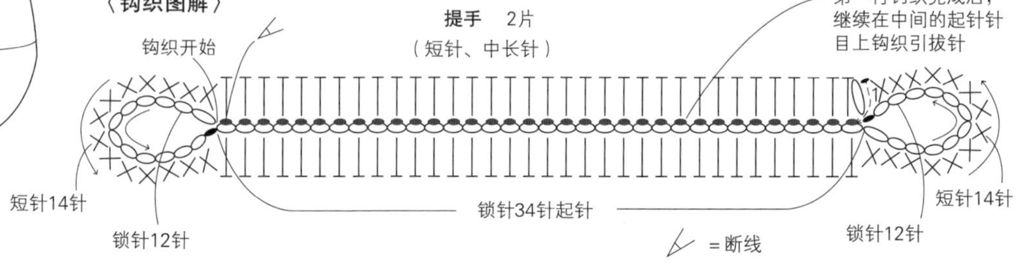

〈钩织图解〉

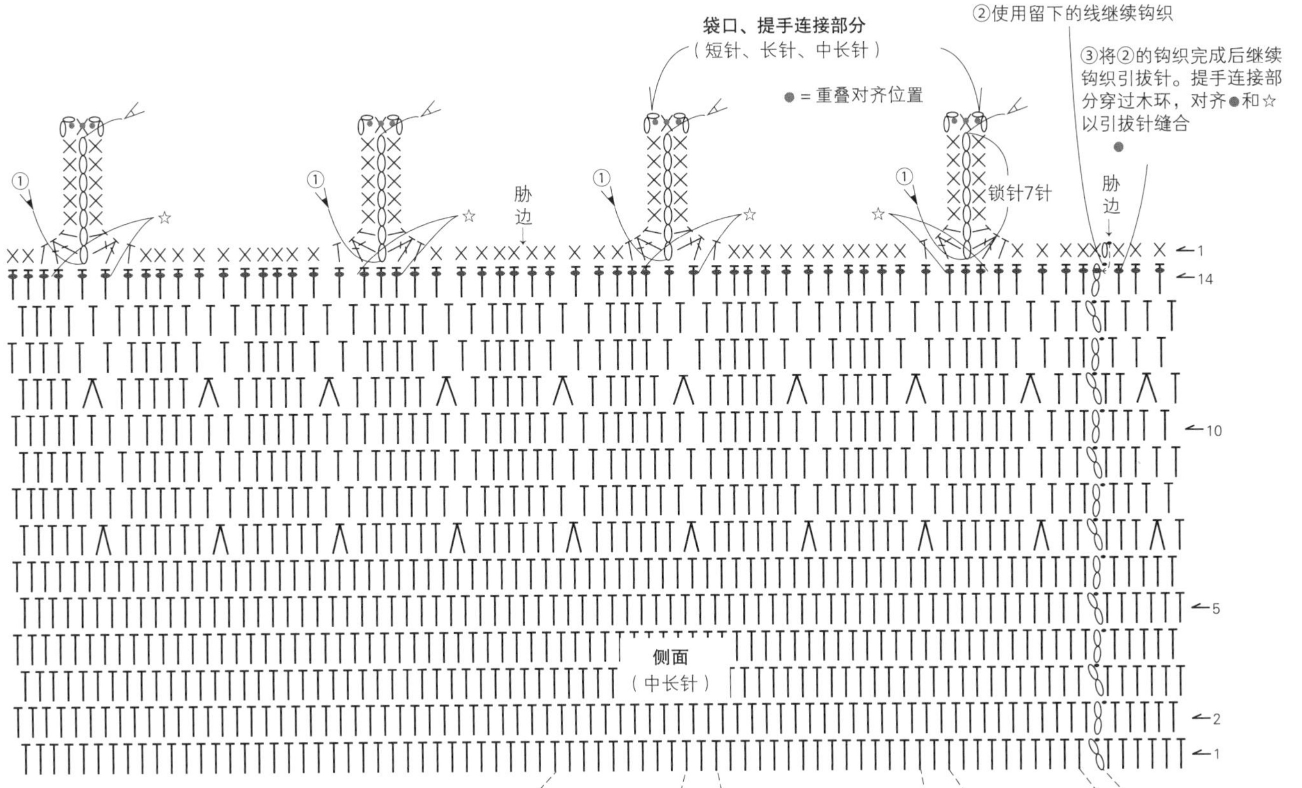

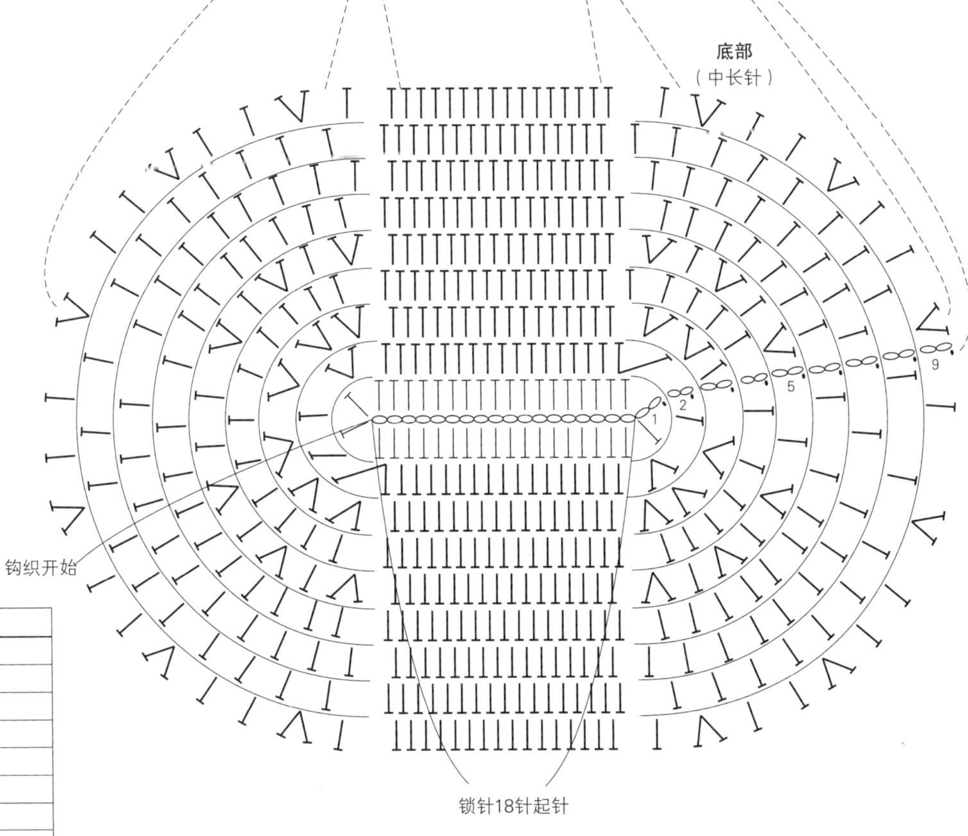

 ＝在前一行分开针目挑针（参照第31页）

 ＝断线

 ＝加线

〈底部针数和加减针〉

行	针数	加减针
9	80针	加12针
6～8	68针	没有加减针
5	68针	加12针
4	56针	没有加减针
3	56针	加12针
2	44针	加4针
1	1立织1针+钩出39针	
钩织开始	锁针18针	

※第2行之后的针数包括立织的1针。

musubi

no.22

纽扣结钥匙环 第23页

●**线材** <麻绳款>麻绳 粗款 纯麻色（561）绳a 32cm、绳b 80cm（1束）
<皮绳款>BOTANICAL皮绳宽 5mm 红色（815）绳a 32cm、绳b 90cm（1束）

●**其他** 钥匙环 银色（S1014）2个，胶水，透明胶带

●**完成尺寸** （仅绳结部分）< 麻绳款 > 直径 3cm、< 皮绳款 > 直径 2.5cm

〈制作方法〉

1 绳 a 制作绳圈（图片 1）。

2 绳 b 打纽扣结（图片 2~6）。

3 绳圈穿过纽扣结，拉紧结头，安装钥匙环（第 72 页图片 7~11）。

〈制作步骤〉 ※ 为了便于理解，在示范时绳 a、b 使用了不同颜色。

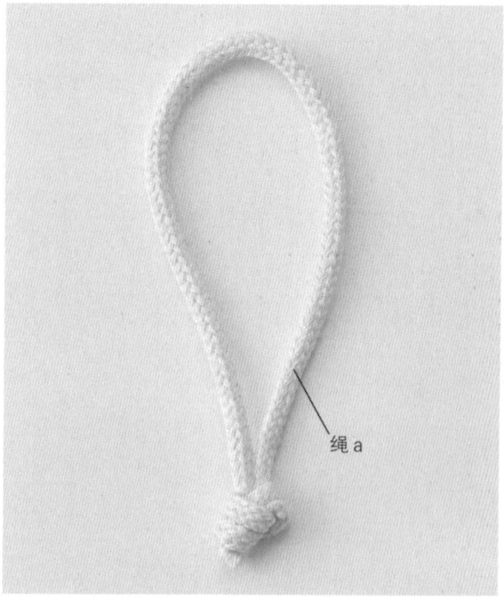

1 绳a对折，两端对齐、打结（作为绳圈）。

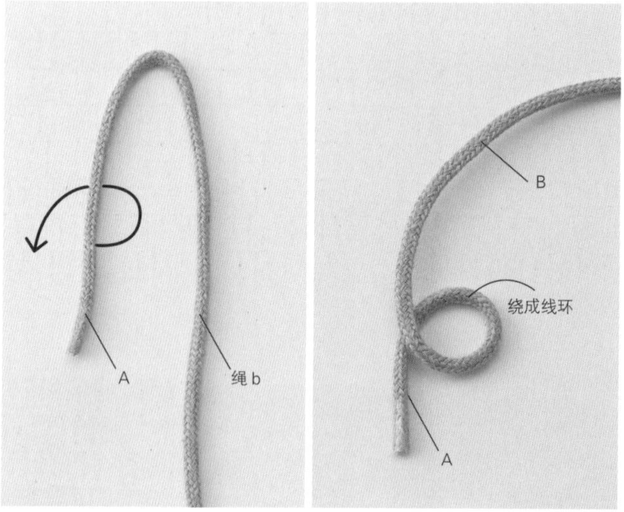

2 绳b打纽扣结。两端贴好透明胶带，防止绽线。A端沿箭头方向，绕成线环。

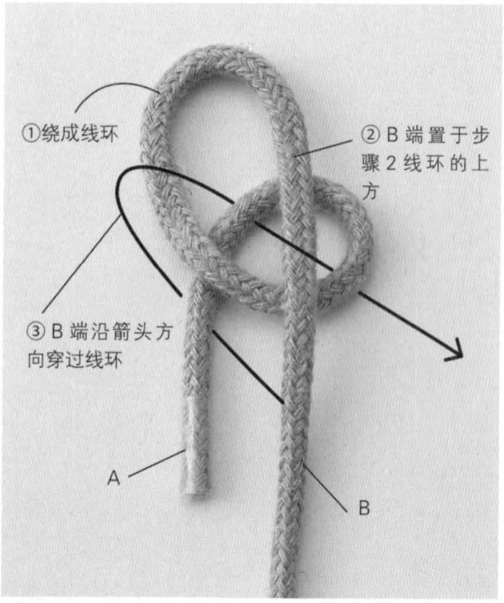

3 B端从上方绕成线环（①），置于步骤2完成线环的上方（②），再沿箭头方向穿过两个线环（③）。

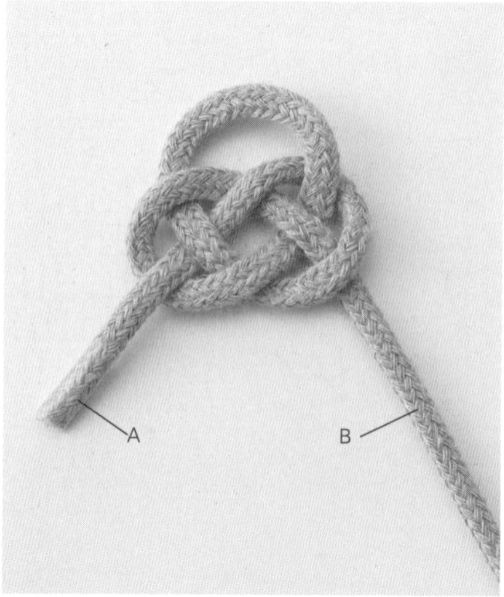

4 整理绳结形状，完成基础的纽扣结（第1层）。

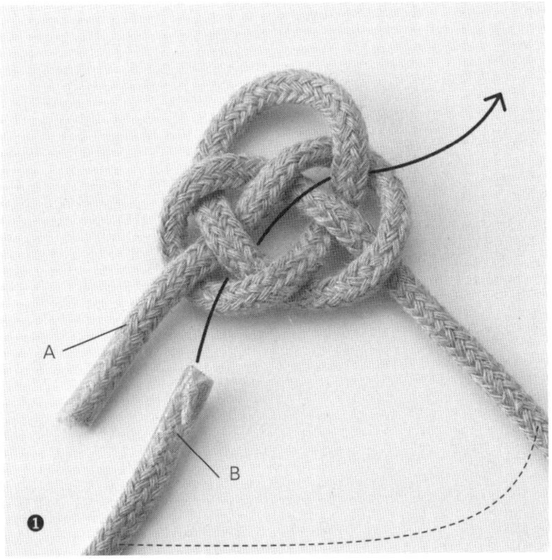

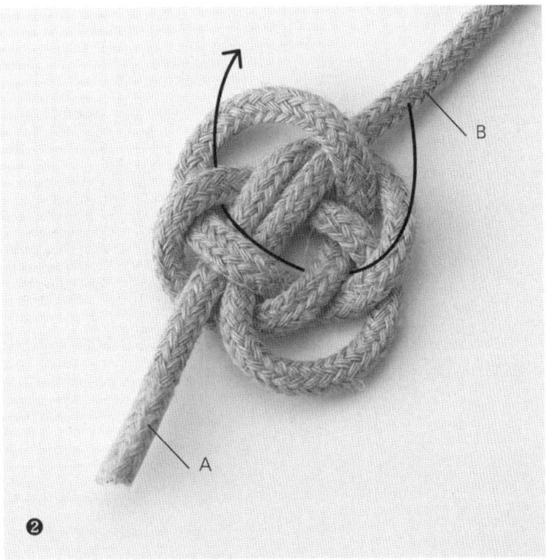

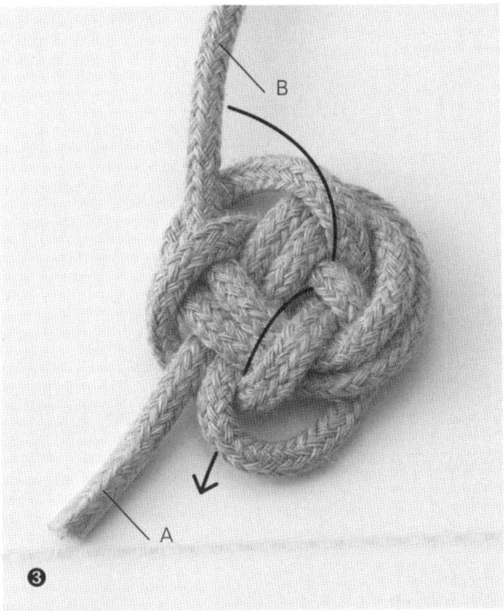

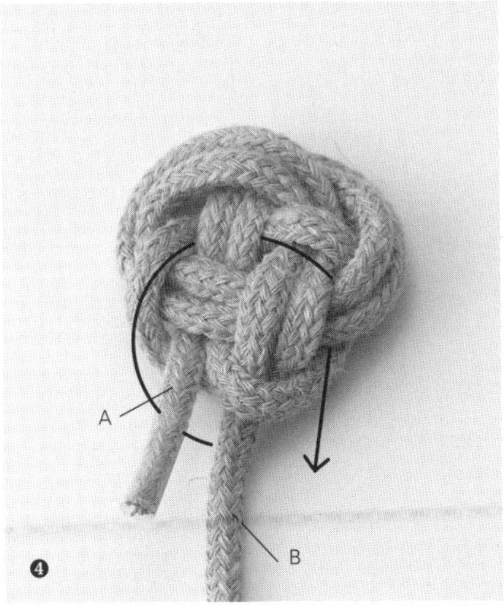

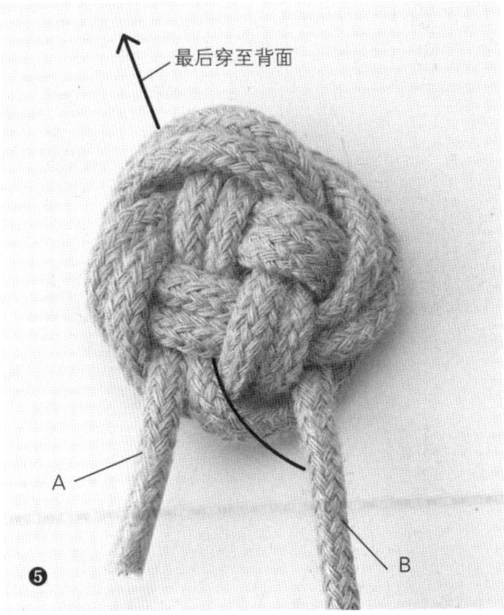

5 B端沿箭头方向，按照❶~❺的顺序穿绳。第2层需要贴紧第1层绳结的内侧。

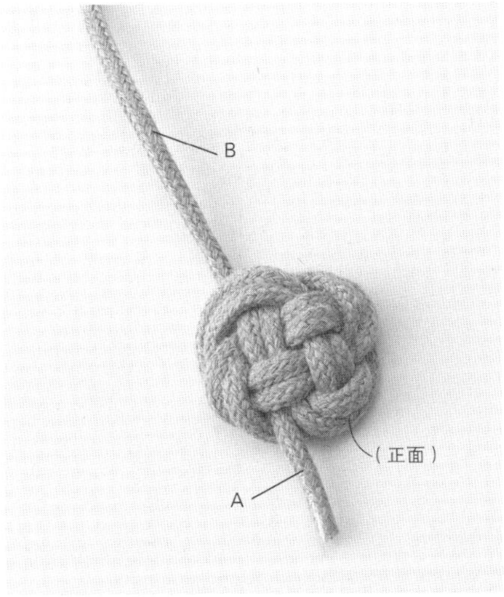

6 完成第 2 层纽扣结。

往返圈状钩织

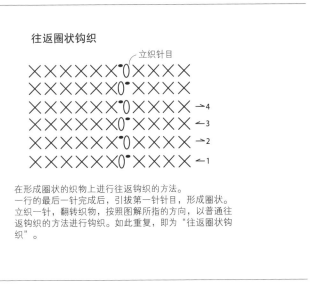

在形成圈状的织物上进行往返钩织的方法。
一行的最后一针完成后，引拔第一针针目，形成圈状。立织一针，翻转织物，按照图解所指的方向，以普通往返钩织的方法进行钩织。如此重复，即为“往返圈状钩织”。

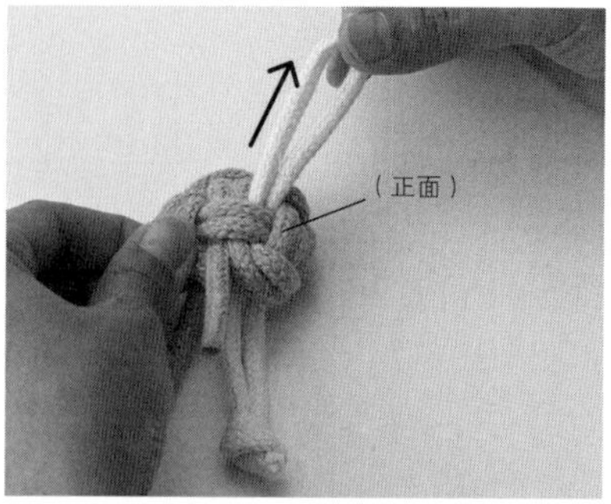

7 把步骤1打好结的绳圈a，从步骤6完成的绳结背面中央穿至正面。

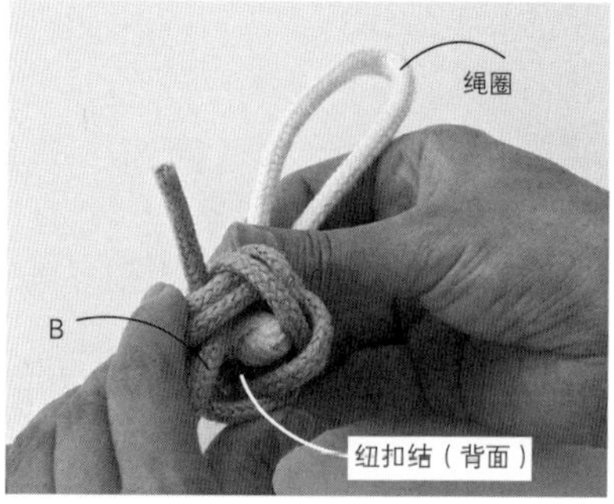

8 用绳结包住绳圈的结头，慢慢抽拉B端进行调整，直到抽紧形成一个球体。

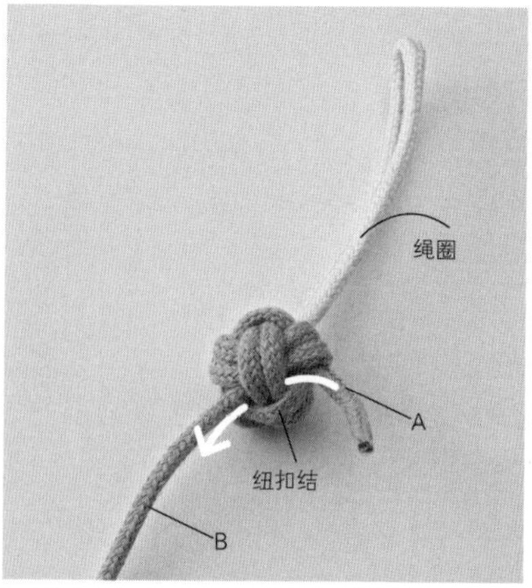

9 A端沿箭头方向穿过绳结，一起抽拉A、B端，再一次抽紧球体，整理绳结形状。

10 贴着绳结边缘剪去多余的绳子，把绳端塞进绳结中，涂上胶水固定。

11 安装钥匙环（参照第68页“安装木环方法”）。完成。

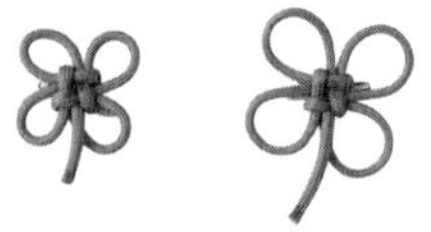

musubi

no.23

四叶草结胸针 第23页

●线材（1个）
MARCHENART 户外用绳
绿色（1626）50cm
●其他（1个）
安全别针 1 个，胶水
●完成尺寸（仅绳结部分）
< 大 >4cm×5cm、< 小 >3cm×4cm

〈制作方法〉
1按照步骤**1~10**的顺序，制作出四叶草的样子。
2 在步骤 **10** 抽紧绳结之前，先在绳结的背面穿上安全别针。
3 收线头，整理绳结形状。

〈制作步骤〉

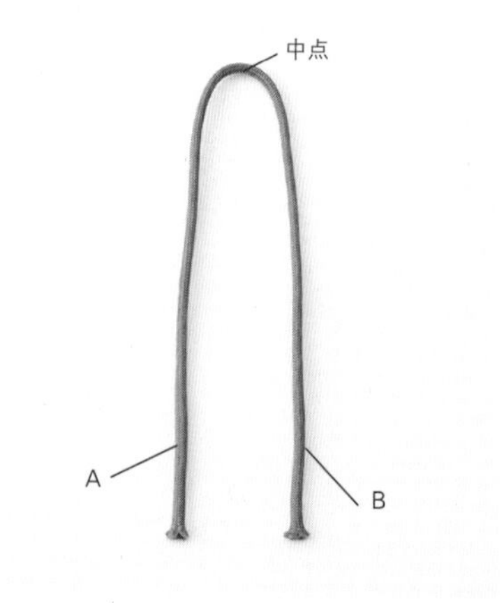

1 绳子对折，找出中点。

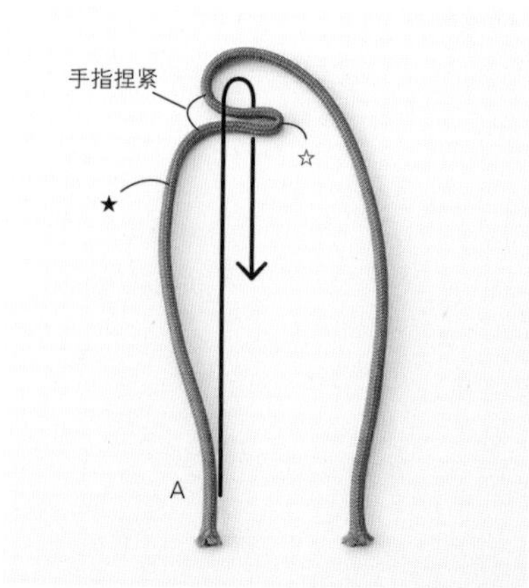

2 ☆横向折叠，形成线环。★往相反方向横向折叠，同样形成线环。A端沿箭头方向，从前往后绕一圈。手指捏紧☆线环的根部，以防松脱。

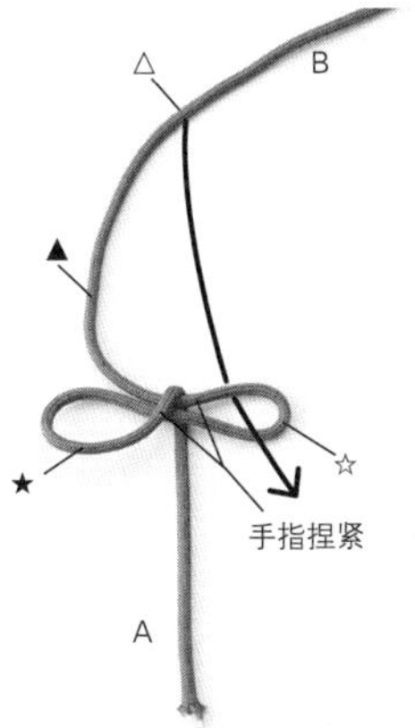

3 △对折形成线环，穿过☆线环，▲自然形成线环，同时调整线环的大小即可。

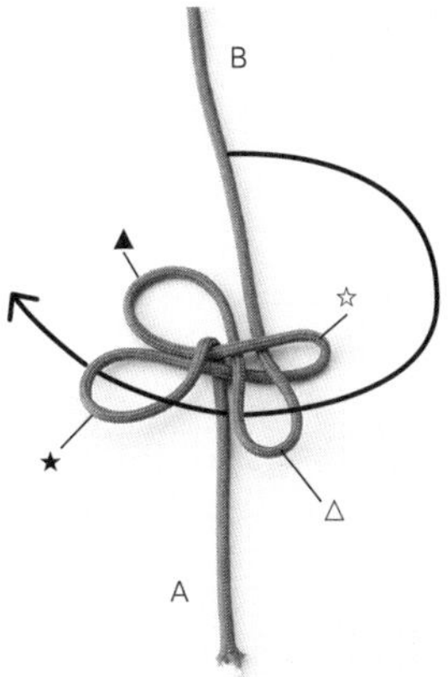

4 B端沿箭头方向，自右向左穿过。

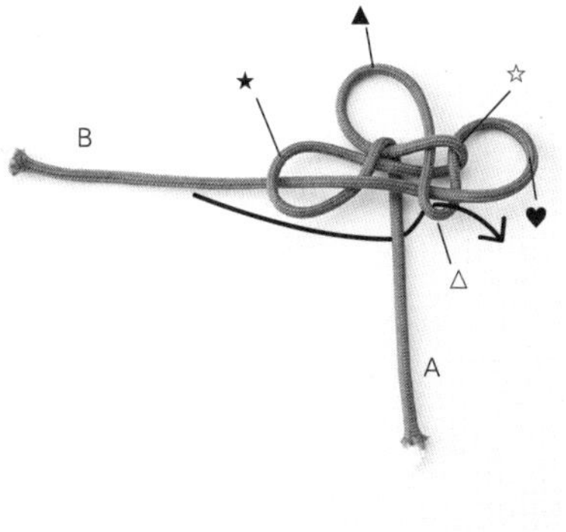

5 右侧形成线环（♥）。B端再一次沿箭头方向，自左向右穿过。

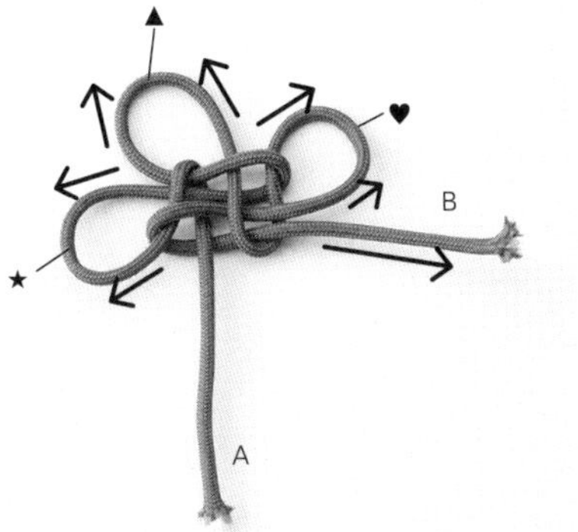

6 沿箭头方向抽拉B端和线环（★、▲、♥）。把中间部分抽紧，形成方形的绳结。

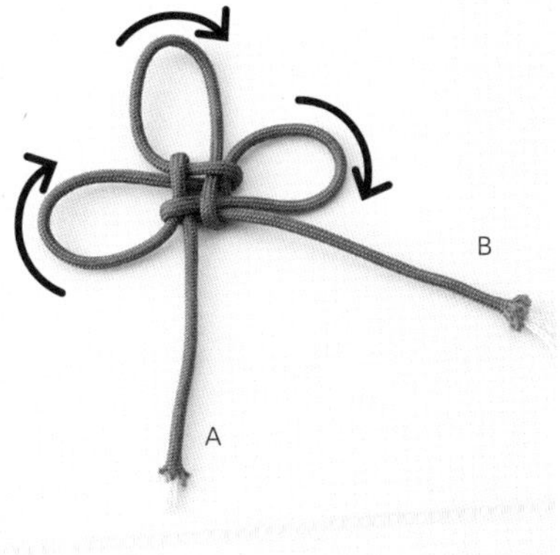

7 沿箭头方向，向B端慢慢调整绳结。调节线环的大小，并使其大小一致。

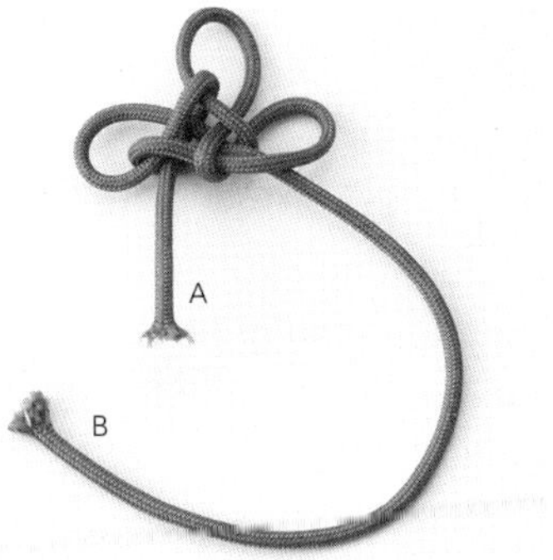

8 调整后B端的线会比较长。

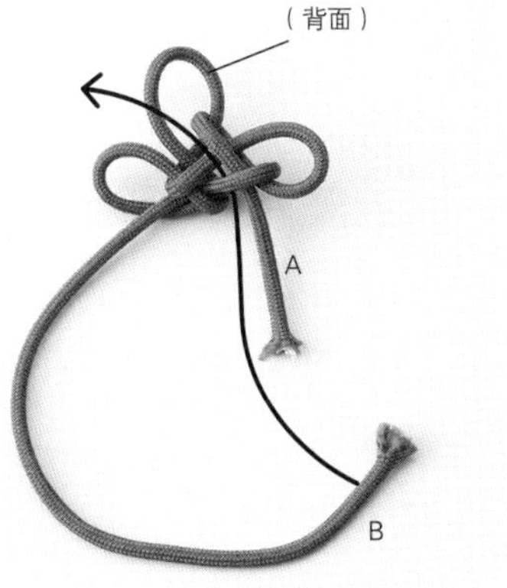

9 翻到背面，B端沿箭头方向穿过绳结。

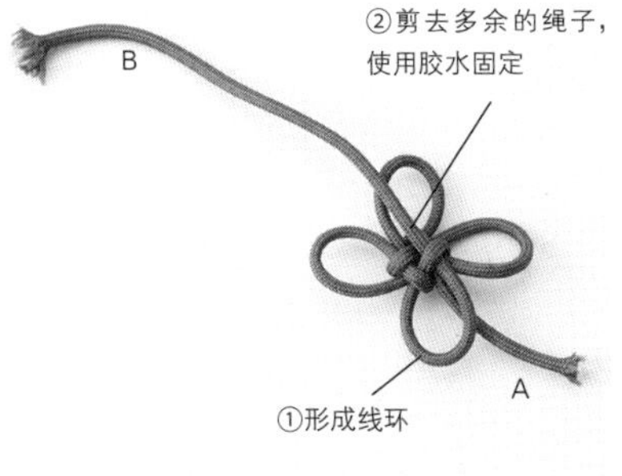

10 按图片所示，完成第4个线环。在绳结背面穿上安全别针后抽紧绳结，剪去B端多余的绳子。绳结部分使用胶水粘贴固定，防止松脱。

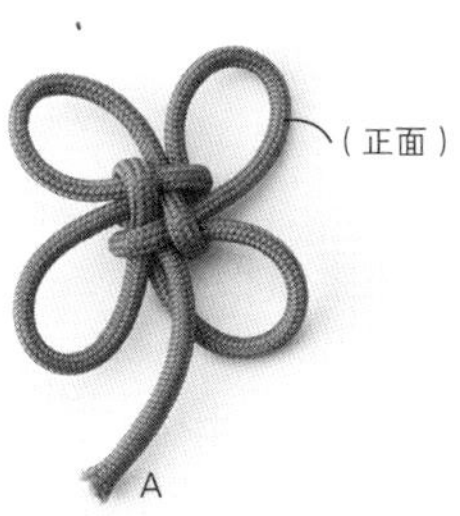

11 翻回正面，修剪A端。把A端稍稍弯向左侧，完成。

miniature bag

no.24

迷你小包挂饰 第24页

a

●**线材** ASIAN 编绳 极细款 黄色（722）、橙色（723）、红色（725）、粉红色（726）、蓝色（730）、绿色（731）各 3g（各1束）

●**其他** 挂饰链 银色（S1041）1个，BOTANICAL 皮绳 5mm 原色（811）7.5cm 2根（1束），皮革手缝蜡线 茶色 适量，胶水

●**工具** 4/0 号钩针，毛线缝针，手缝针

●**钩织密度** 短针 25针25行=10cm×10cm

●**完成尺寸** 参照图示

〈制图〉

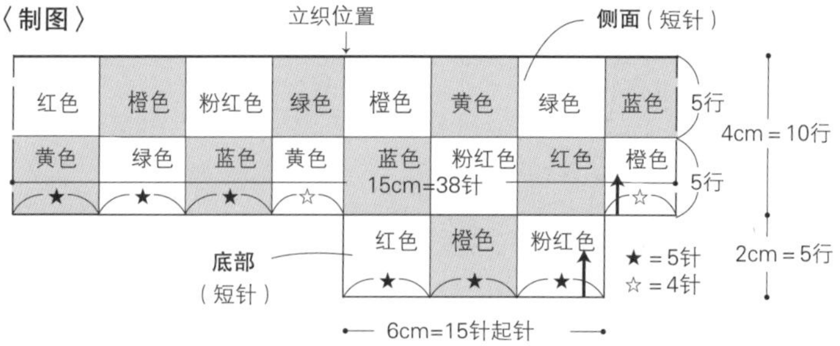

〈钩织方法〉

用1股线钩织。按照指定配色，侧面往返圈状钩织（第71页）。

1 钩织底部。使用粉红色线钩15针锁针作为起针，继续钩5行短针，按照图示换线。

2 钩织侧面。从底部挑针，钩10行短针。

3 缝合提手。使用手缝针在皮绳上打孔，穿上挂饰链，使用蜡线用回针缝缝合于小包的侧面外侧。

➡转第75页

b

●**线材** MICROMACRAME 编绳 灰色（1457）11g（2卷）、白色（1441）少许（1卷）

●**工具** 4/0 号钩针，毛线缝针

●**钩织密度** 短针 26针30行=10cm×10cm

●**完成尺寸** 参照图示

〈钩织方法〉

用1股线钩织。除特别指定外，都使用灰色线钩织。

1 钩织侧面。钩14针锁针作为起针，按图解继续钩15行短针。以同样方法完成另一片。其中一片暂时不断线（①），作为前侧面。

2 钩织大象花样。使用白色线，在前侧面加钩引拔针。

3 2片织片侧面背面相对对齐，使用步骤**1**留下的线，在除袋口外的三边钩织短针拼接（②）。胁边钩织锁针和引拔针，作为尾巴。

4 钩织提手。袋口钩15针锁针作为起针，继续钩2行锁针和引拔针。

〈钩织图解〉

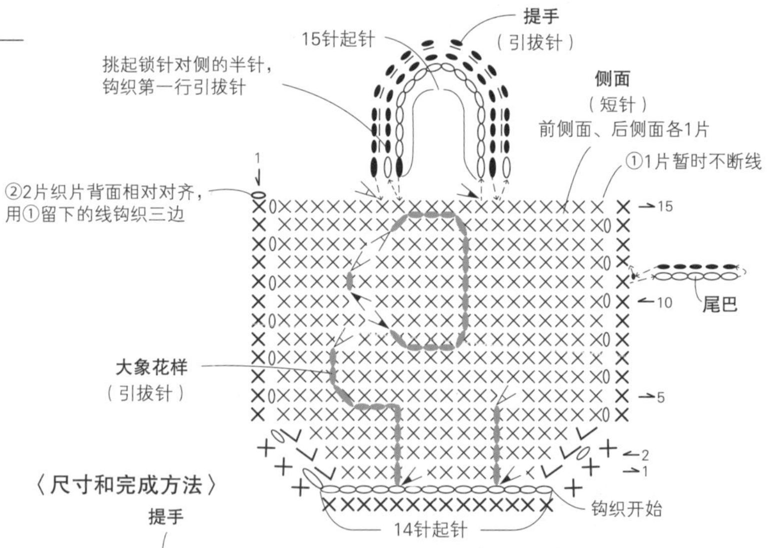

〈尺寸和完成方法〉

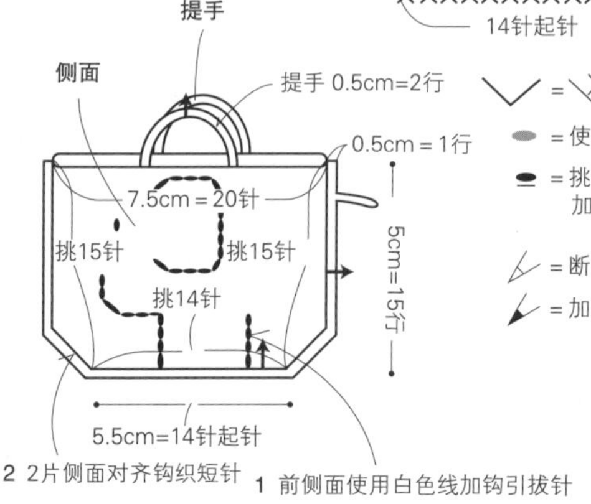

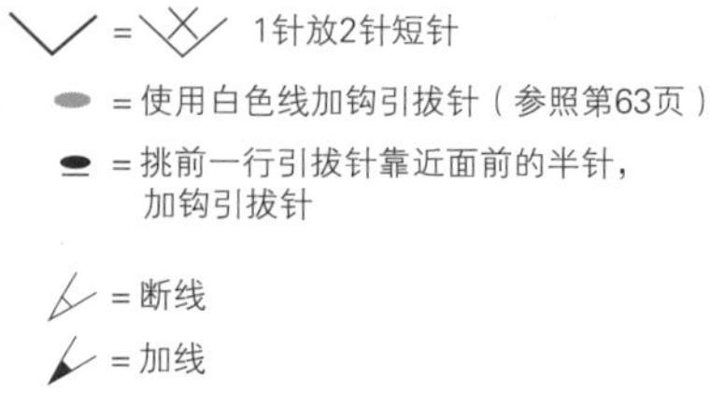

〈接第 74 页 a〉

〈钩织图解〉

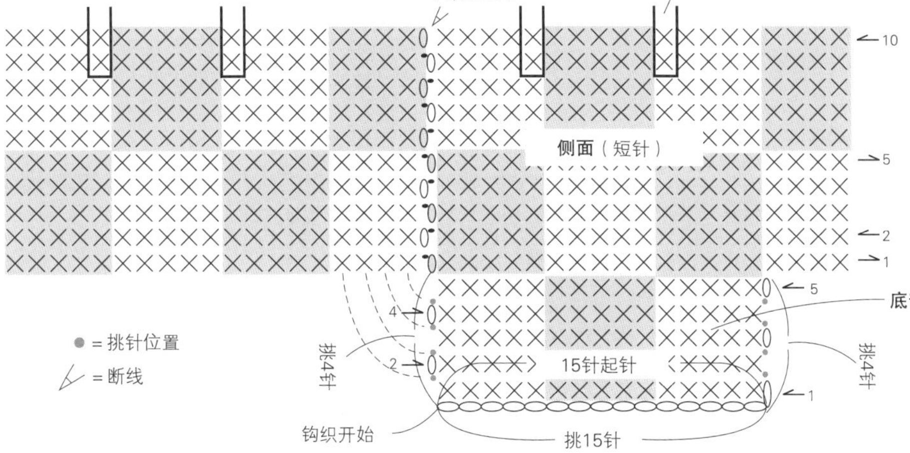

〈尺寸和完成方法〉

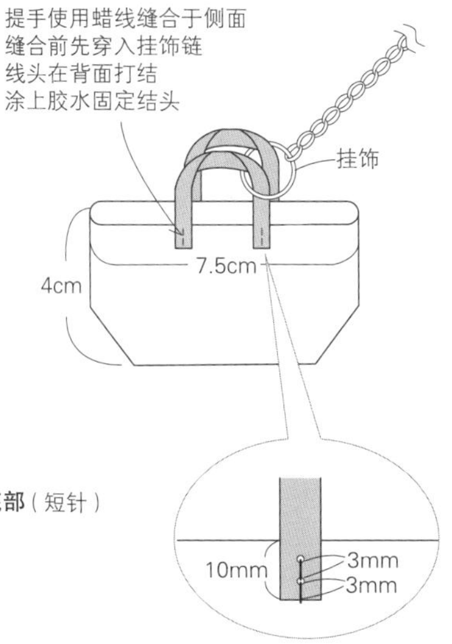

c

●线材　ROMANCE 编绳 极细款 洋红色（861）
11g（3 束）

●其他　钥匙环 银色（S1014）1 个，BOTANICAL
皮绳宽 3mm 白色（816）20cm（1 束）

●工具　4/0 号钩针，毛线缝针

●钩织密度　短针 25针 25行=10cm × 10cm

●完成尺寸　参照图示

〈钩织方法〉

用 1 股线钩织。

1 钩织底部和侧面。线头绕成线环起针，底部钩 5 行短针，侧面继续钩 8 行短针，暂时不断线（①）。

2 钩织提手。在袋口指定位置加线（②），钩 16 针锁针作为起针，在指定位置引拔。提手外侧和袋口，使用步骤 1 留下的线继续钩 1 行短针（③）。提手内侧在指定位置加线（④），钩 1 行短针。

3 提手以步骤 2 的起针位置作为中线对折，2 片织片反面相对对齐钩织引拔针（⑤）。

4 完成。皮绳穿过提手，穿上钥匙环后两股一起打结。

〈尺寸和完成方法〉

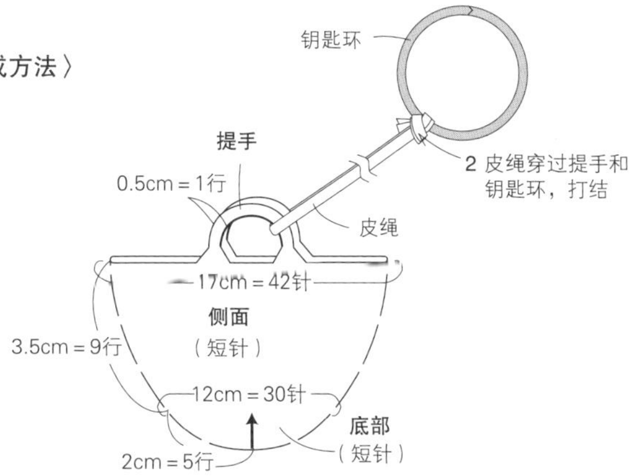

〈钩织图解〉

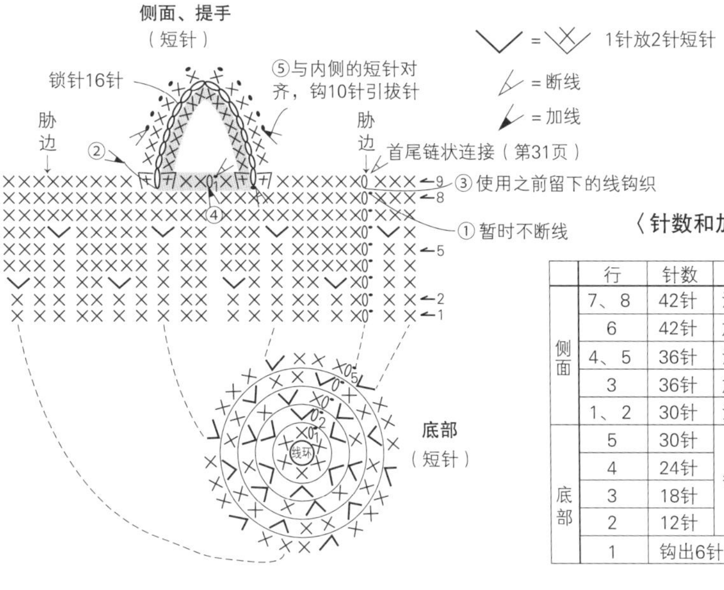

〈针数和加减针〉

	行	针数	加减针
侧面	7、8	42针	没有加减针
	6	42针	加6针
	4、5	36针	没有加减针
	3	36针	加6针
	1、2	30针	没有加减针
底部	5	30针	每行加6针
	4	24针	
	3	18针	
	2	12针	
	1	钩出6针	

d

- ●**线材** MICROMACRAME 编绳 灰绿色（1450）8g（2 卷）
- ●**其他** 原木环 棕色（MA2234）2 个，钥匙环 银色（S1014）1 个，BOTANICAL 皮绳 3mm 白色（816）20cm（1 束）
- ●**工具** 4/0 号钩针，毛线缝针
- ●**钩织密度** 中长针 12针=4cm、6行=3cm
- ●**完成尺寸** 参照图示

〈**钩织方法**〉

用 1 股线钩织。

1 钩织上层荷叶边。钩 8 针锁针作为起针，继续钩 1 行短针和 1 行长针。

2 钩织中间和下层荷叶边。钩 12 针锁针作为起针，继续钩 2 行长针。

3 钩织前侧面。钩针插入木环，挑上层荷叶边起针一侧的针目，钩 8 针短针固定。继续钩织中长针至第 7 行。第 3 行对齐中层荷叶边起针一侧，第 5 行对齐下层荷叶边起针一侧，荷叶边背面朝前，挑起针针目进行钩织固定。

4 钩织后侧面。和步骤 **3** 同样的钩织方法，不用连接荷叶边。

5 组合。2 片织片侧面背面相对对齐，后侧面朝前，3 边钩织短针拼接。

6 完成。皮绳穿过木环，穿上钥匙环后 2 股一起打结。

〈**制图**〉

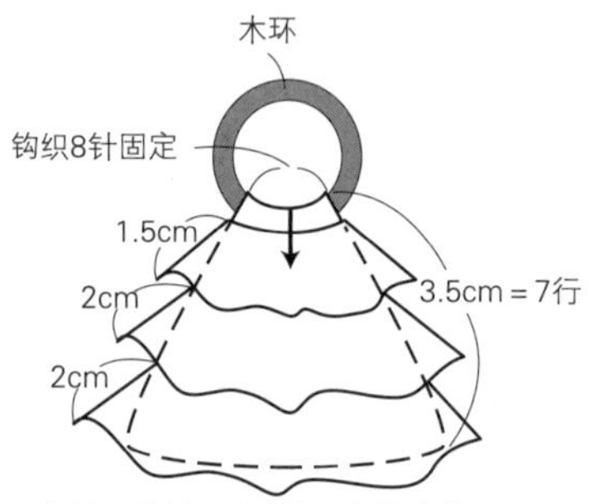

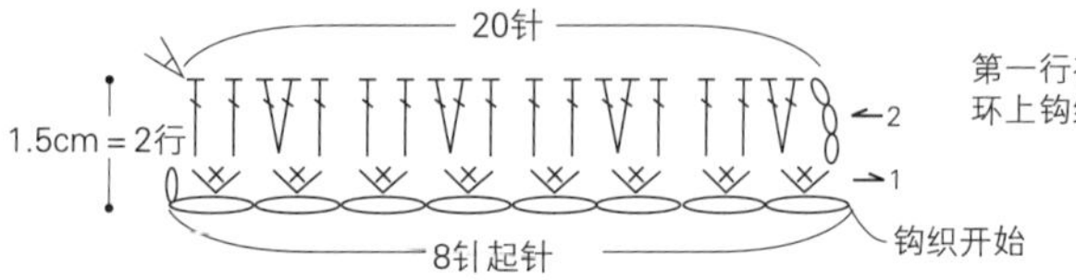

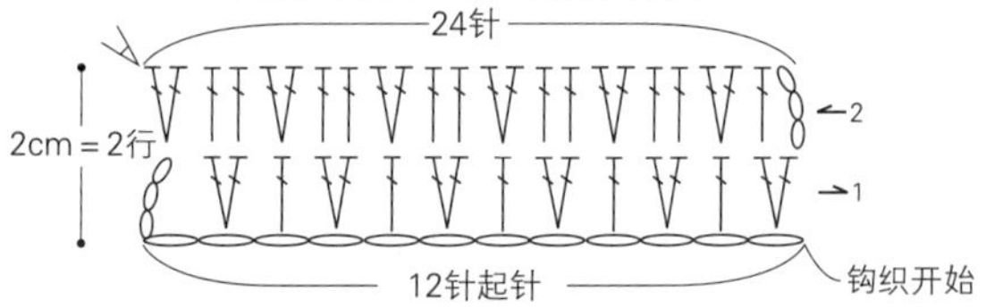

〈**钩织图解**〉

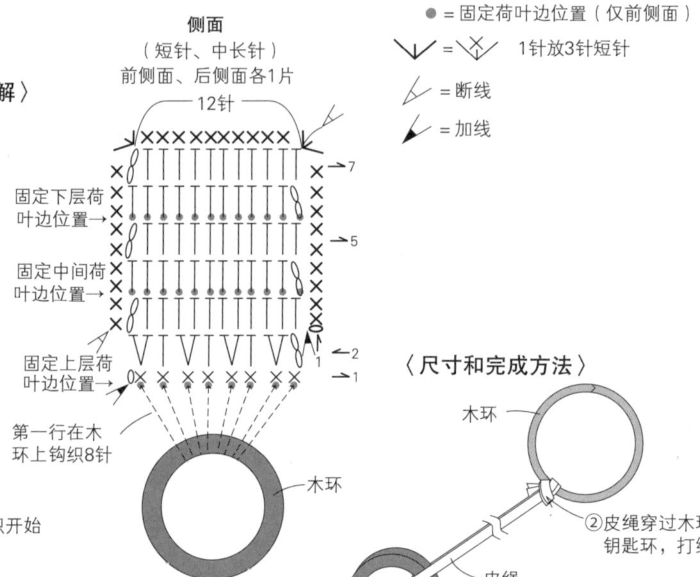

〈**尺寸和完成方法**〉

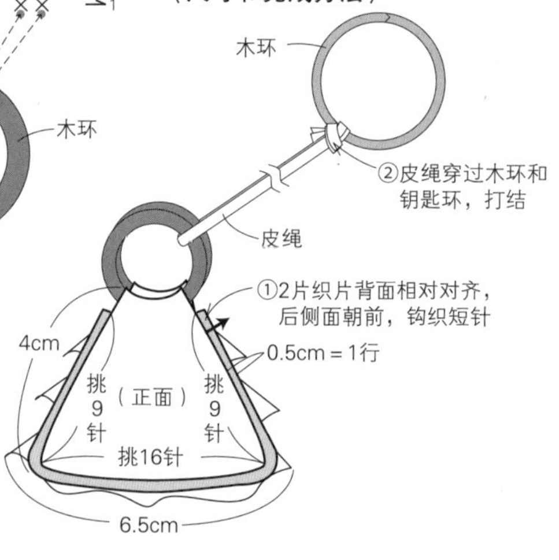

〈**固定木环方法**〉

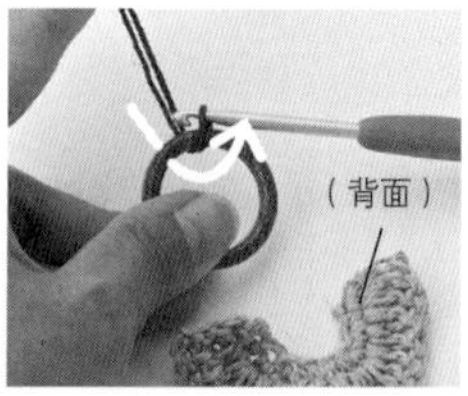

1 钩针插入木环，挂线引拔。

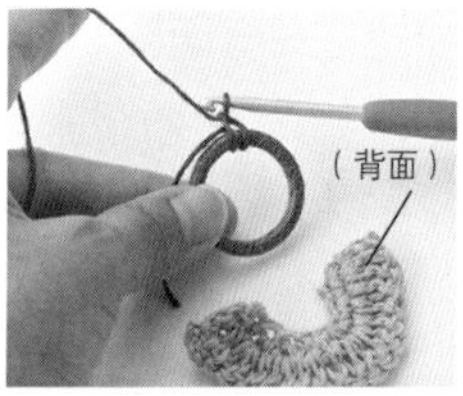

2 立织1针锁针。

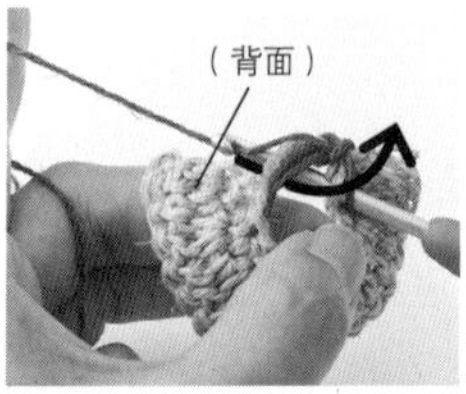

3 钩针插入荷叶边起针一侧的针目，从木环内侧挂线引拔。

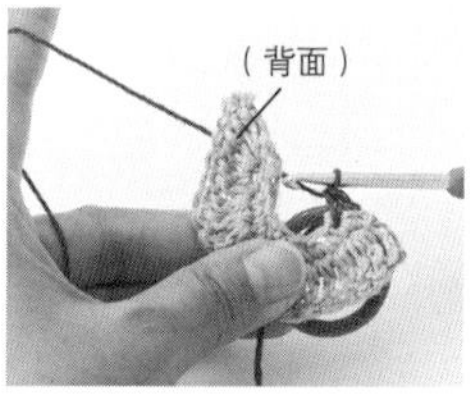

4 钩织短针。作为侧面的第一行。

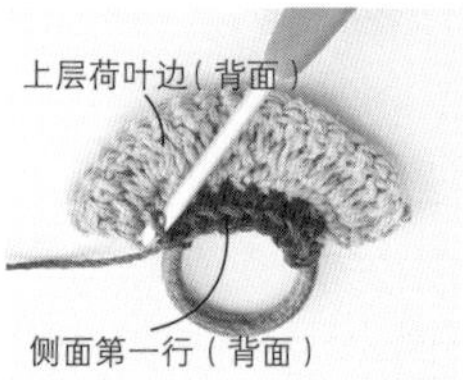

5 重复步骤3、4，连接荷叶边和木环。

钩针编织符号说明

⬭ 锁针

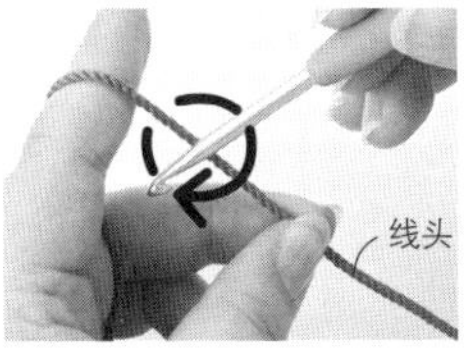

1 如图所示，一手持钩针，一手持线，钩针沿箭头方向转一圈，把线绕成线环。

2 钩针挂线，从线环里沿箭头方向引拔。

3 抽拉线头，把针目抽紧。这里作为起头，不计入针数。

4 钩针继续挂线引拔。

5 以同样的方法钩织需要的针数。

● 引拔针

1 钩针插入前一行的针目。

2 钩针挂线引拔，钩过针上的线圈。

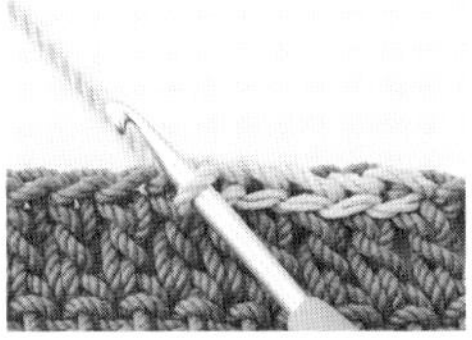

3 以同样的方法钩织需要的针数。

× 短针

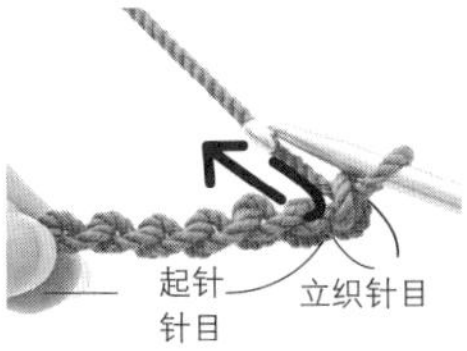

1 立织1针。钩针插入前一行的针目（图示为起针针目的里山）。

2 钩针挂线引拔（这里称为“未完成的短针”）。

3 再次挂线引拔，一次钩过针上2个线圈。

4 完成1针短针。立织针目不计入针数。

5 以同样的方法钩织需要的针数。

中长针

1 立织2针。钩针绕线1圈，插入前一行的针目（图示为起针针目的里山），挂线引拔。

2 完成“未完成的中长针”。再次挂线引拔，一次钩过针上3个线圈。

3 完成1针中长针。立织针目计为1针。

4 以同样的方法钩织需要的针数。

长针

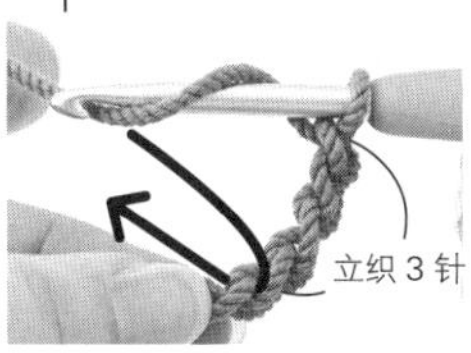

1 立织3针。钩针绕线1圈，插入前一行的针目（图示为起针针目的里山），挂线引拔。

2 钩针挂线引拔，一次钩过针上左侧的2个线圈（这里称为“未完成的长针”）。

3 钩针挂线引拔，一次钩过针上剩下的2个线圈。

4 完成1针长针。立织针目计为1针。

5 以同样的方法钩织需要的针数。

1针放2针短针

1 挑前一行的针目，沿箭头方向插入钩针。

2 挂线引拔，钩1针短针。

3 在步骤1同一位置插入钩针。

4 挂线引拔。

5 再次挂线引拔，一次钩过针上2个线圈。

6 完成1针放2针短针。针数增加了1针。

2针短针并1针

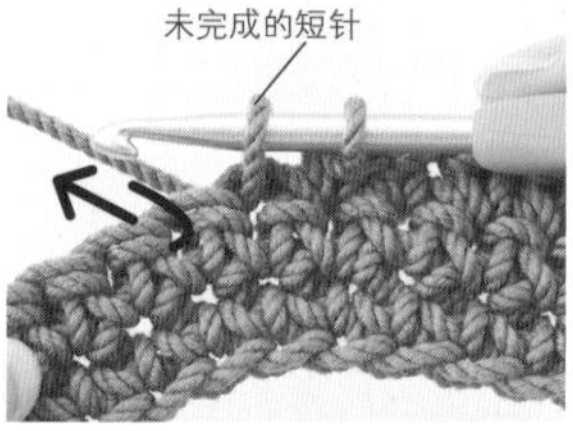

1 钩1针未完成的短针，钩针沿箭头方向插入前一行相邻的针目，挂线引拔。

2 再次挂线引拔，一次钩过针上3个线圈。

3 完成2针短针并1针。针数减少了1针。

1针放3针短针

和“1 针放 2 针短针”同样方法，在同一位置钩 3 针短针。针数增加了 2 针。

3针短针并1针

1 和“2针短针并1针”同样方法，钩3针未完成的短针。挂线，沿箭头方向引拔。

2 完成3针短针并1针。针数减少了2针。

1针放2针中长针

1 钩1针中长针。钩针绕线1圈，再次插入同一位置，挂线引拔。

2 再次挂线引拔，一次钩过针上3个线圈。

3 完成1针放2针中长针。针数增加了1针。

2针中长针并1针

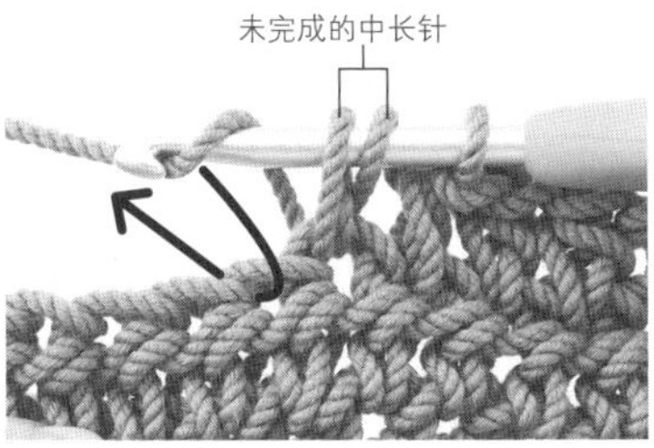

1 钩1针未完成的中长针。钩针绕线1圈，沿箭头方向插入前一行相邻的针目，挂线引拔。

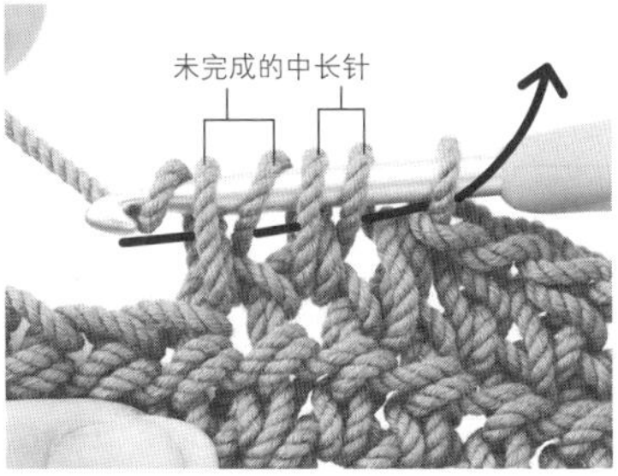

2 再次挂线引拔，一次钩过针上5个线圈。

3 完成2针中长针并1针。针数减少了1针。

1针放2针长针

1 钩1针长针。钩针绕线1圈，再次插入同一位置，挂线引拔。

2 再次挂线引拔，一次钩过针上左侧的2个线圈。

3 再次挂线引拔，一次钩过针上剩下的2个线圈。

4 完成1针放2针长针。针数增加了1针。

2 针长针并 1 针

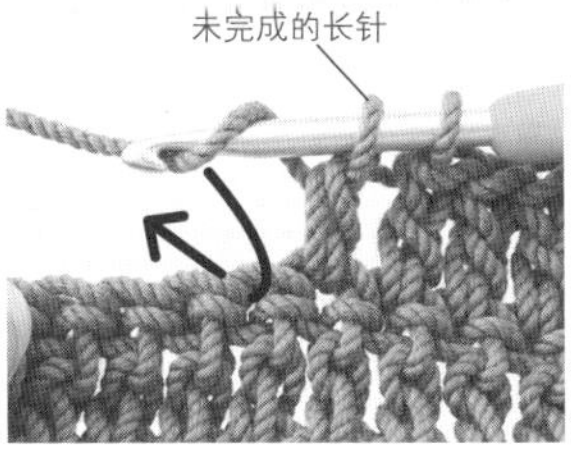

1 钩1针未完成的长针。钩针绕线1圈，沿箭头方向插入前一行相邻的针目，挂线引拔。

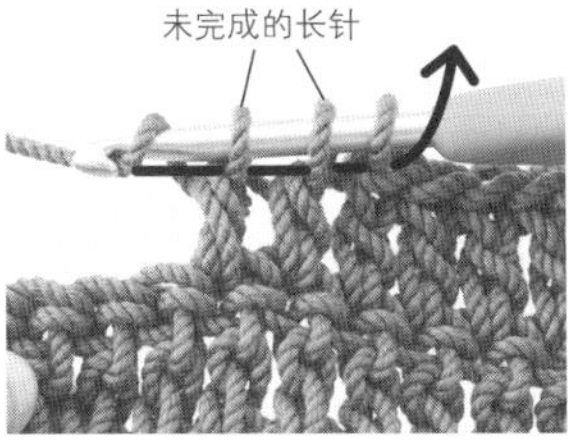

2 再钩1针未完成的长针。再次挂线引拔，一次钩过针上3个线圈。

3 完成2针长针并1针。针数减少了1针。

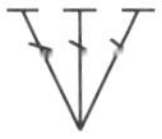

1针放3针长针

和“1针放2针长针”同样方法，在同一位置钩3针长针。针数增加了2针。

3针长针并1针

1 和“2针长针并1针”同样方法，钩3针未完成的长针。挂线，沿箭头方向引拔。

2 完成3针长针并1针。针数减少了2针。

大人デザインのバッグと小もの

备案号：豫著许可备字-2020-A-0173

青木惠理子

出生于神奈川县。从服饰类专科学校毕业后，曾就职于服装企业、日用品商店，1996年以手工艺作者的身份开展活动。专注于为杂志撰稿、书籍出版，也担任手工教室讲师等。

选择材料的品位出众，设计的作品简洁大方又实用，作品制作的完成度也相当高。著有《用麻绳和亚麻线编织包袋》（主妇之友社出版）、《麻绳编织的收纳篮和包袋》（已由河南科学技术出版社引进出版）等。

图书在版编目（CIP）数据

麻线、棉线编织的包袋和配饰 / （日）青木惠理子著；项晓笈译. —郑州：河南科学技术出版社，2021.3（2022.6重印）

ISBN 978-7-5725-0297-2

Ⅰ. ①麻… Ⅱ. ①青… ②项… Ⅲ. ①手工编织—图解 Ⅳ. ①TS935.5-64

中国版本图书馆CIP数据核字（2021）第017390号

出版发行：河南科学技术出版社
地址：郑州市郑东新区祥盛街27号　邮编：450016
电话：（0371）65737028　65788613
网址：www.hnstp.cn

策划编辑：梁莹莹
责任编辑：梁莹莹
责任校对：翟慧丽
封面设计：张　伟
责任印制：张艳芳
印　　刷：河南博雅彩印有限公司
经　　销：全国新华书店
开　　本：889 mm×1 194 mm　1/16　印张：5　字数：200千字
版　　次：2021年3月第1版　2022年6月第2次印刷
定　　价：48.00元